Alejandro Castañeda-Miranda

Caracterización de materiales por Radiometría Fototérmica Infrarroja

Alejandro Castañeda-Miranda

Caracterización de materiales por Radiometría Fototérmica Infrarroja

Una tecnología láser no invasiva para caracterizar materiales mediante la obtención de imágenes térmicas y electrónicas

Editorial Académica Española

Imprint
Any brand names and product names mentioned in this book are subject to trademark, brand or patent protection and are trademarks or registered trademarks of their respective holders. The use of brand names, product names, common names, trade names, product descriptions etc. even without a particular marking in this work is in no way to be construed to mean that such names may be regarded as unrestricted in respect of trademark and brand protection legislation and could thus be used by anyone.

Cover image: www.ingimage.com

Publisher:
Editorial Académica Española
is a trademark of
International Book Market Service Ltd., member of OmniScriptum Publishing Group
17 Meldrum Street, Beau Bassin 71504, Mauritius
Printed at: see last page
ISBN: 978-620-0-41079-5

ÍNDICE

Glosario

Amplitud: El valor absoluto máximo obtenida por la variación periódica de calor.

Banda prohibida: región energética comprendida entre la banda de valencia y la banda de conducción.

Difusividad térmica: cantidad de calor normal por unidad de área por unidad de tiempo dividido por el producto del calor especifico, densidad, y gradiente de temperatura

Fase: Parte fraccional de una señal de temperatura periódica que varia en el tiempo.

Imagen Termoelectrónica: Imagen térmica proveniente de la des excitación no radiactiva de portadores en semiconductores.

Longitud de penetración térmica: Profundidad de alcance para una onda térmica.

Onda térmica: Propagación periódica de calor a través de un material.

Radiometría: Técnica que mide la radiación en cualquier rango del espectro electromagnético.

Región de fotogeneración: región espacial donde una onda electromagnética de longitud predeterminada, interactúa con el material, generando en el caso de semiconductores portadores libres.

Semiconductor: Material sólido cristalino el cual conduce eléctricamente si la energía de excitación es mayor a la energía de banda prohibida.

Termo imagen: imagen del calor proveniente de la red

Tiempo de vida de portadores minoritarios: es el tiempo promedio de vida de un portador fotoexitado antes de sufrir una colisión o una recombinación

Velocidad de recombinación superficial: velocidad a la cual un portador se recombina en la superficie, después de haber viajado un tiempo característico y una longitud de difusión

DEDICATORIA

A quien me dio la vida
mi "madre"

MARÍA VICTORIA MIRANDA ESCALERA

quien quiero ayer, hoy, mañana,
en un instante y en la eternidad,

A mi compañero eterno
mi "padre"

JOSÉ AMADOR CASTAÑEDA GARCÍA

por brindarme esa ruta a seguir,
por otorgarme esa paciencia al andar,
por su apoyo incondicional en mi,

A mis hermanos
Rodrigo, Celina Lizeth,
Ana Gabriela, Víctor Hugo.
por el ánimo que manifiestan
al querer seguir adelante,

A quienes han compartido conmigo
un instante del espacio-tiempo
de su vida,

Esta obra está dedicada especialmente a la memoria de mi padre, quien fue la persona más importante para establecer mi formación personal y profesional.

AGRADECIMIENTOS

Quiero mencionar a las siguientes personas por su interés y apoyo en el desarrollo del presente trabajo.

Al Dr. Mario Enrique Rodríguez García del CFATA-UNAM por la supervisión y revisión de la tesis.

Al Dr. José Antonio Calderón Arenas y a la Dra. Rocío Alejandra Muñoz Hernández del CICATA-Legaria por formar parte de mi comité Tutoral, así como el apoyo para la realización de esta tesis.

Al Dr. Miguel Angel Aguilar Frutis del CICATA-Legaria por formar parte del Comité Tutoral para la Maestría, así como por su revisión detallada de la tesis.

Al Dr. Carlos Vázquez López del CINESTAV-D.F. por formar parte del Comité Tutoral para la presente tesis.

Al Dr. José Luis Fernández de CICATA-IPN Campus Querétaro por sus observaciones y contribución bibliográfica para la tesis.

Al Dr. René Trinidad Vega Duran de CICATA-IPN Campus Querétaro por las ideas que me ayudaron a la elaboración de la presente tesis.

Al Dr. Domingo Rangel Miranda y a Rene Preza Cortes de CFATA-UNAM.

Al Centro de Física Aplicada y Tecnología Avanzada de la UNAM Campus Juriquilla, Querétaro por el apoyo para realizar este trabajo.

DISEÑO Y CONSTRUCCIÓN DE UN SISTEMA DE RADIOMETRIA FOTOTÉRMICA INFRARROJA PARA LA CARACTERIZACIÓN DE MATERIALES SEMICONDUCTORES

RESUMEN

Este trabajo de tesis, esta enfocado en dos ramas: *la primera* consiste en el montaje y puesta en operación de un sistema de Radiometría Fototérmica Infrarroja, que constituye el primer sistema de este tipo en América Latina y *la segunda* rama de este trabajo, esta enfocada en el estudio de las soluciones matemáticas a las ecuaciones de difusión para las contribuciones de las componentes: electrónica y red cristalina que garanticen una solución única desde el punto de vista físico. Debido a que la solución total a la señal radiotérmica contiene una solución multiparamétrica que involucra los siguientes parámetros: a) Tiempo de vida de portadores mayoritarios (τ), b) Coeficiente de difusión electrónico ($D_{n,\,p}$), c) Coeficiente de difusión térmico (α), d) Velocidades de recombinación superficial S_1, S_2 (frontal y trasera), así como la conductividad térmica: existirán matemáticamente un conjunto de soluciones que ajustan los datos experimentales (espectros radiométricos en amplitud y fase), pero que no representa una solución con sentido físico; pero si se pueden acotar los parámetros citados anteriormente, utilizando los valores calculados y medidos experimentalmente para el silicio, las posibles combinaciones de soluciones tendrán ahora que pasar por el *filtro de la interpretación física*. Posterior al conocimiento de funciones de peso por parámetro y por región de frecuencia (debido a que esta técnica es en el dominio de la frecuencia) de modulación y teniendo en mente que este problema multiparamétrico tiene dos canales de entrada de información experimental: amplitud y la fase, con seis parámetros "libres", que se acotan superior e inferiormente por los valores experimentales; la solución matemática propuesta para cada caso, debe ajustar simultáneamente los dos canales de información.

Mediante una simulación computacional, se puede manipular un parámetro en cada región del espectro, encontrando las funciones de peso y determinando la influencia en la señal fototérmica. En este trabajo de tesis, se realizó un conjunto de simulaciones, manteniendo para cada caso cinco parámetros constantes y variando uno de ellos. Al finalizar las simulaciones, se tiene la posibilidad de obtener una solución única, que es cotejada con una muestra de silicio, ya medida por otras técnicas experimentales.

Por último dentro del montaje experimental, este trabajo contribuye con la fabricación de una mesa x-y automatizada para obtener lecturas de un conjunto de puntos, en el espacio sobre un plano (eje x-y) que puede constituirse en una imagen, que a su vez, dependiendo de la región de frecuencias podría ser denominada imagen térmica o imagen termoelectrónica.

ABSTRACT

In this work we study the Photothermal Radiometric (PTR) signal, as a function of the thermal and thermoelectronic contribution. Due to this problems involves a multiparametric fits, it is necessary to carried out a mathematical and computational simulations to establish the weight function per parameter as well as their influence on the frequency regimen. A typical experimental setup for PTR diagnostics consist an harmonically modulated super band gap laser beam is obtained by an acoustic optic modulator (AOM) impacting thereinafter on the sample, the radiation is collected through paraboloidal mirrors and is detected using a liquid nitrogen cooled photoconductive mercury-cadmium-telluride (MCT) detector, the interest sign is obtained by a look-in, connected to a Personal Computer using serial communication. In the experimental results are reported new applications of PTR in the frequency domain, for quantitative study of thermal properties and material semiconductor electronics. It is given a special emphasis to the thermal and thermo electronics images for the diagnosis semiconductors. According to the results obtained in this work Thesis, we have found a unique solution to the multiparametric solution with physical sense. On the other hand, we have established a photothermal radiometric system to able to measure thermal and thermoelectronic parameter in silicon wafers, the automatic x-y stages are able to take thermal and thermoelectronic images in a small region.

CAPÍTULO I.- INTRODUCCIÓN

El silicio (Si) es el semiconductor más utilizado actualmente en la industria electrónica, el continuo desarrollo de tecnologías para el crecimiento de obleas semiconductoras de gran diámetro, obliga al desarrollo de nuevas tecnologías para caracterización tanto *in-situ* como en línea. Actualmente se desarrolla tecnología para el crecimiento y posterior tratamiento térmico de silicio desde 2 hasta 8 pulgadas (dispositivos CMOS). Después del tratamiento térmico, es necesario el estudio del estado final de la superficie, esto es: estudiar las propiedades termoelectrónicas de la superficie y del bulto después del tratamiento.

Las propiedades termoelectrónicas más importantes en la industria optoelectrónica del silicio son: difusividad térmica (α), tiempo de vida de recombinación de portadores minoritarios (τ), coeficiente de difusión de portadores minoritarios (D_n), velocidad de recombinación de portadores en la superficie frontal y trasera de la oblea (S_1, S_2) respectivamente.

Las propiedades físicas y electrónicas de las obleas, afectan directamente la eficiencia de los dispositivos fabricados a partir de Si. La evaluación de las propiedades termoelectrónicas de Si ha sido de común interés tanto para científicos así como para ingenieros por mucho tiempo. En los últimos años la evaluación de estas propiedades mediante técnicas fototérmicas ha atraído la atención de la industria y la ciencia principalmente por ser métodos *no destructivos*.

La Radiometría Fototérmica (PTR) es una técnica de detección remota, e *in- situ*, con sensibilidad óptica para estudiar las propiedades optoelectrónicas mediante excitación láser a su vez, permite la obtención de imágenes térmicas y termoelectrónicas de superficies extensas de obleas de cualquier tipo de material semiconductor, metálico o aislante.

Permite la determinación simultanea de los siguientes parámetros:

a.   Tiempo de recombinación de portadores minoritarios.

b.   Coeficiente de difusión de portadores minoritarios.

c.   Coeficiente de longitud de difusión de portadores.

d.   Velocidad de recombinación de portadores en ambas superficies.

También es posible obtener información de propiedades térmicas tales como:

e.   Difusividad térmica.

f.   Conductividad térmica.

Por otra parte, la detección de defectos asociados tanto al proceso de pulido así como al proceso de litograbado, son de crucial importancia, pues la detección temprana de estos, podría representar grandes ahorros en esta industria multimillonaria.

CAPÍTULO II.-ANTECEDENTES

En 1865, un físico escocés, James Clerk Maxwell, emprendió la tarea de determinar las propiedades de un medio que pudiera transportar luz y además tomar parte de la transmisión de calor y de la energía eléctrica. Su trabajo demostró que una carga acelerada puede radiar ondas electromagnéticas en el espacio. Maxwell explicó que la energía en una onda electromagnética se divide por igual entre los campos eléctricos y magnéticos que son perpendiculares entre sí. Por lo tanto, para la propagación de una onda no depende de que la materia vibre, si no que se propagaría mediante campos oscilatorios transversales. Una onda de ese tipo "surgiría" de los alrededores de una carga acelerada y cruzaría el espacio con la velocidad de la luz. Las ecuaciones de Maxwell predijeron que la energía y la acción eléctrica, al igual que la luz, se propagaban a la velocidad de la luz como perturbaciones electromagnéticas. La confirmación experimental de la teoría de Maxwell fue lograda en 1885 por H. R. Hertz, quien probó que la radiación de la energía electromagnética puede ocurrir a cualquier frecuencia. Todos los tipos de radiación pueden ser reflejados, enfocados mediante lentes, polarizadores, etc. La longitud de onda λ de la radiación electromagnética está relacionada con su frecuencia f mediante la ecuación general $c = f \cdot \lambda$, donde c es la velocidad de la luz (3×10^8 m/s). Debido a las pequeñas longitudes de onda de la radiación luminosa, es más conveniente definir unidades de medida menores. La unidad del SI es el nanómetro (nm) y es la millonésima parte de un metro. La región visible del espectro electromagnético se extiende desde 400 nm para la luz ultravioleta hasta aproximadamente 700 nm para la luz roja (ondas infrarrojas). Newton fue el primero en estudiar la parte visible dispersando la "luz blanca" a través de un prisma. En orden de longitudes de onda creciente, los colores del espectro son: violeta (450 nm), azul (480 nm), verde (520 nm), amarillo (580 nm), anaranjado (600 nm) y rojo (640 nm). El espectro electromagnético es continuo; no hay separaciones entre una forma de radiación y otra. Los límites establecidos son tan sólo arbitrarios, dependiendo de la capacidad del individuo para percibir directamente una pequeña porción y para descubrir y medir las porciones que quedan   fuera de la región visible.

En la figura 1 se muestra el espectro de las ondas electromagnéticas, el cual en la actualidad está dividido en siete regiones principales: Ondas largas de radio, Ondas cortas de radio, región infrarroja, región visible, región ultravioleta, Rayos X, Rayos Gamma.

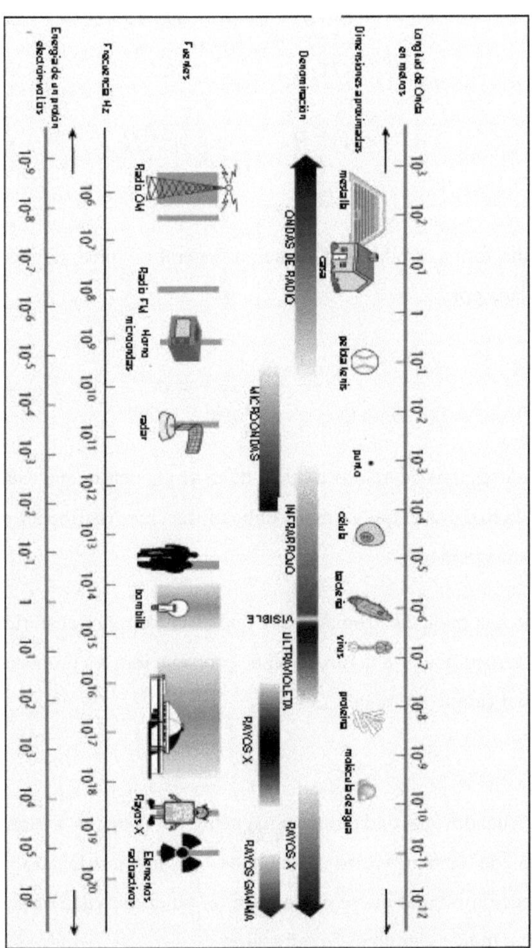

Figura 1.- Espectro electromagnético de radiación.

El físico Maxwell demostró que las ondas electromagnéticas (propagándose a lo largo de una dirección x) en el espacio libre se describirían por medio de las siguientes ecuaciones:

$$\frac{\partial^2 E}{\partial x^2} = \mu_0 \varepsilon_0 \frac{\partial^2 E}{\partial t^2}$$

(1)

$$\frac{\partial^2 B}{\partial x^2} = \mu_0 \varepsilon_0 \frac{\partial^2 B}{\partial t^2}$$

(2)

que muestran una forma similar a la ecuación general de onda, donde la rapidez de las ondas vendría dada por:

$$\frac{1}{\sqrt{\mu_0 \varepsilon_0}} = c$$

(3)

Tomando los valores más acertados de μ_0 y de ε_0 se encuentra que esta es precisamente la velocidad de la luz, por lo que estamos obligados a creer (correctamente) que la luz es una onda electromagnética.

La intensidad de una onda electromagnética que es la energía transferida a través de una unidad de área perpendicular a la dirección de propagación, es proporcional al cuadrado de la amplitud del campo eléctrico:

$$I \propto E_0^{\,2}$$

(4)

Por otra parte, cuando una onda electromagnética se propaga y cambia de medio de propagación, puede ocurrir varios fenómenos: La luz puede absorberse, reflejarse, cambiar su dirección o bajar su velocidad. En un punto de vista óptico, cada medio se caracteriza por su índice complejo de refracción

$$\tilde{N} = n - jk \tag{5}$$

donde a n se le llama índice de refracción, k se le llama coeficiente de extinción y j es el número imaginario. En un material dieléctrico, n es una medida inversa de la velocidad de la luz en el material

$$n = {c}/{v} \tag{6}$$

El coeficiente de extinción es una medida de que tan rápido la intensidad decrece al pasar la luz por el material. Se define *coeficiente de absorción*, denotado por β y que se define por el coeficiente de proporcionalidad entre la razón de cambio de la intensidad al valor de la intensidad:

$$\frac{dI(z)}{dz} = -\beta I(z) \tag{7}$$

con solución $I(z) = I_0 e^{-\beta z}$, donde I_0 es la intensidad de luz justo adentro del material de interés. El coeficiente de extinción k esta relacionado al coeficiente de absorción por

$$k = \frac{\lambda}{4\pi}\beta \tag{8}$$

La longitud de penetración se define como la distancia en la cual la intensidad ha decrecido en un factor de e^{-1} (37%) de la intensidad original.

$$D_p = \frac{\lambda}{4\pi k} \tag{9}$$

El índice de refracción y el coeficiente de extinción son funciones de la longitud de onda. Las medidas ópticas "solo ven" alrededor de cuatro veces la longitud de penetración de un material dado.

II. I.- Historia de algunas técnicas in situ

La primera técnica *in situ* es espectroscopia, su origen se asocia originalmente a los espectros ópticos obtenidos cuando, con la ayuda de un prisma, se descomponía la luz proveniente de una determinada fuente de radiación visible. Pero a partir de 1913, adquirió un nuevo significado, siendo la espectroscopia un proceso mediante el cual se puede estudiar la interacción de la radiación electromagnética con la materia. Obteniéndose de esta forma espectros atómicos y moleculares, de los cuales se puede tener información detallada sobre la estructura (simetría, distancia y ángulos de enlace) y propiedades del material (distribución electrónica, fuerza de enlace, procesos ínter e intra moleculares).[1] Una técnica reciente que se usa para investigación y evaluación de superficies semiconductoras, diferente a las técnicas de colección de radiación visible es la Radiometría Fototérmica (PTR),[2-8] la cual se aplica en la caracterización de procesos superficiales y de bulto para semiconductores con simetría cúbica como el Silicio.[3] La PTR es una técnica experimental, mide la difusividad térmica de la muestra bajo estudio. El principio físico de PTR se basa en el hecho de que, las propiedades ópticas en un semiconductor con simetría cúbica son isotrópicas en todas las posibles direcciones dentro de su volumen, pero éstas se modifican en regiones próximas a la superficie del cristal debido a la pérdida de la simetría cúbica. Como los posibles ejemplos de agentes físicos que inducen una pérdida en la simetría cúbica, podemos mencionar los esfuerzos piezoeléctricos introducidos por campos eléctricos superficiales,[5] rugosidades,[6] campos de esfuerzo debido a dislocaciones de borde,[7] reconstrucción superficial durante el crecimiento por oxidación,[8] absorción de impurezas,[9] etc. La PTR es una técnica no destructiva en donde un onda térmica es producida en la superficie de una muestra por un láser periódicamente modulado, para cuantificar las mediciones de PTR y determinar cuantitativamente los parámetros termofísicos (difusividad térmica y conductividad térmica) del material, recubrimientos, multicapas, etc., se utiliza un algoritmo de optimización de ajuste multiparámetro a las respuestas de un rango de bajas y altas frecuencias, aplicándose sin algún efecto significante para capas rugosas. Una de las maneras no destructivas de estudiar la interacción de la radiación con la materia es por medio de técnicas de espectroscopia ópticas, como la reflectancia luminiscencia y la transmitancia, pero muchos de los materiales orgánicos e inorgánicos tales como polvos, aceites, geles y materiales untados no pueden ser estudiados con facilidad por estas técnicas. Algunos importantes acontecimientos de las ondas térmicas se muestran en la tabla 1.

AÑO	INVESTIGADORES	ACONTECIMIENTO
1880	Alexander G. Bell	Fototeléfono
1973	Rosencwaig & Gersho	Extensión de F.A. a estado sólido
1983	L.C.M. Miranda	Estudio de portadores minoritarios
1985	Tomas et. Al.	Estudio de grietas verticales
1987	Termal Wave Inc. USA.	Instrumentación (i.e implantación de iones)
1999	M. E. Rodriguez Phothermal Inc. Canadá	Imágenes Termoelectrónicas

Tabla 1.- Algunos importantes acontecimientos en el campo de las ondas térmicas.

La comparación de la radiometría con otras técnicas se muestra en la figura 2.

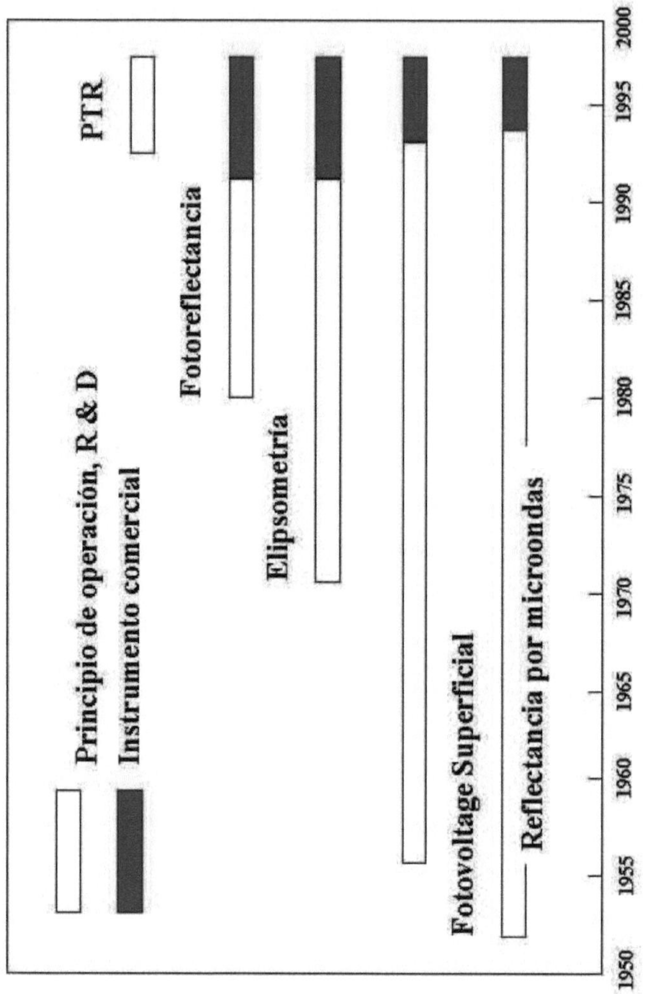

Figura 2.- Historia de algunas técnicas in situ y de no contacto para la caracterización de Semiconductores.

Este proyecto esta centrado en el diseño y construcción de un sistema radiométrico infrarrojo, que constituye el primer sistema de este tipo en América latina, su principal utilización hasta el momento ha sido estudiar principalmente las propiedades térmicas y electrónicas de materiales semiconductores, pero debido a su gran versatilidad puede ser extendida esta técnica al estudio de cualquier otro tipo de material, principalmente para la obtención de imágenes térmicas, donde se puedan diagnosticar a tiempo defectos, como microfracturas en la industria metalúrgica. Desde el punto de vista de la industria semiconductora, es cierto que México no cuenta con industrias de este tipo, por lo que es importante, desarrollar tecnologías y recursos humanos en esta area, no hay que olvidar que los Estados Unidos tienen una gran industria electrónica y son nuestros vecinos, por lo que en un futuro no muy lejano, algunas de estas compañías, principalmente por motivos económicos y de cercanía se pudieran mover hacia nuestro país.

El objetivo fundamental de este proyecto, es el desarrollar una metodología a partir de las ecuaciones generadas para la descripción de los procesos fototérmicos mediante el uso de radiometría fototérmica en semiconductores que permita después de la obtención de los datos experimentales (amplitud y fase) la obtención de una solución multiparamétrica única que proporcione los valores termoelectrónicos de la muestra estudiada.

A partir de la metodología y metrología utilizada para la obtención de una solución única, elaborar imágenes térmicas e imágenes termoelectrónicas de áreas localizadas tanto en la superficie frontal como trasera del cristal, con las cuales se pueda evidenciar la existencia de defectos como por ejemplo: fisuras micrométricas, presencia de contaminantes en la superficie que alteren el estado electrónico del sistema, defectos de crecimiento. Este punto comprende la implementación de programas y montajes experimentales que permitan de manera coordinada el movimiento micrométrico controlado y la adquisición de datos con los cuales se pueda construir imágenes de amplitud y fase.

Por lo tanto la justificación es estudiar proceso dinámicos en las superficies de silicio mediante el uso de Radiometría fototérmica infrarroja de alta resolución para determinar la influencia de la pasivación óptica en los parámetros termoelectrónicos.

CAPÍTULO IV.- OBJETIVOS

El objetivo del proyecto es el desarrollo y puesta en operación de un sistema para la caracterización térmica y electrónica de materiales semiconductores mediante la utilización de Radiometría fototérmica infrarroja.

Las compañías dedicadas al ramo de semiconductores y en especial al silicio, están trabajando en el proceso de recocido (annealing) a gran escala (100 obleas al mismo tiempo y temperatura "Isochronal anneling"), el interés de esta compañías es el de determinar las propiedades termoelectrónicas como función de la posición en el horno de recocido, y la influencia de la difusión de impurezas.

Los objetivos generales de esta tesis son:

A. El estudio de la señal fototérmica infrarroja y determinación de una solución única en el caso de materiales semiconductores.

B. Diseño y Construcción de un Sistema de Radiometría Fototérmica Infrarroja.

C. Diseño y Construcción de un Sistema de manipulación X-Y para el posicionamiento y alineación de la muestra.

CAPÍTULO V.- MATERIALES Y MÉTODOS

V. I.- Desarrollo unidimensional para la ecuación de calor

El principio matemático para la ecuación de calor consiste en considerar un volumen arbitrario **V** que contiene una sustancia con una superficie **S**. Ahora, definimos la temperatura de la sustancia como: **U(x,y,z,t)**, donde U es función de la posición y el tiempo. El flujo de calor que cruza una superficie S es igual a la cantidad de calor en el volumen V por unidad de tiempo.

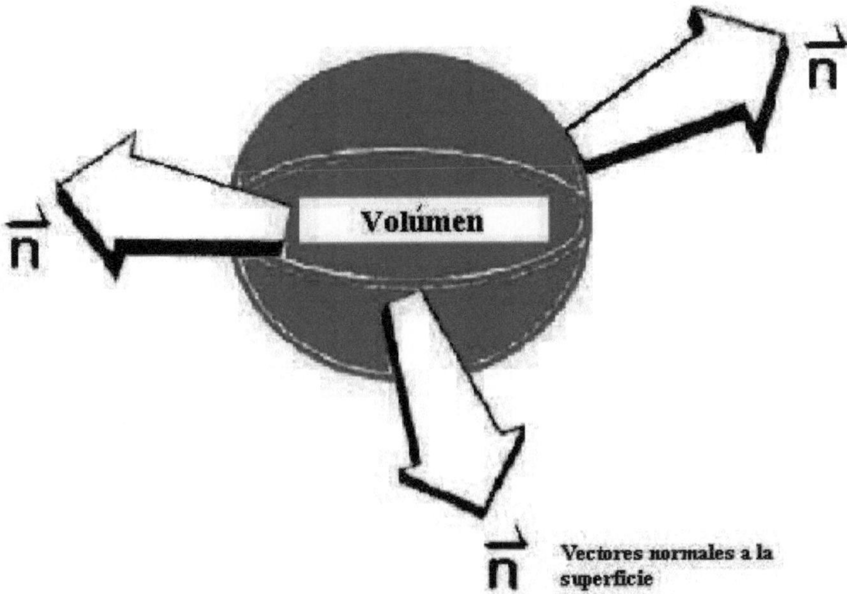

Figura 3.- Un elemento de volumen V con vectores normales asociados a la superficie.

En la figura 3, un elemento de volumen **V** con los vectores normales asociados a la superficie del flujo de calor se define como:

$$\iint_{.S} (conductividad.termica)(gra\ diente.de.temperatura)dS =$$
$$\iint_{.S} \kappa.\nabla U \circ \hat{n}.dS = \iint_{.S} \kappa.\nabla U \circ \hat{n}.dS \tag{10}$$

Aplicando el teorema de la divergencia a la ecuación anterior se tiene que:

$$\iint_{.S} \kappa.\nabla U \circ \hat{n}.dS = \iiint_{.V} \kappa \nabla^2 U dV = \iiint_{.V} \nabla(\kappa \nabla U)dV \tag{11}$$

Por otra parte, se tiene que el calor contenido en la superficie **V** es:

$$\iiint_{.V} (calor.específico.por.unidad.de.volumen)(temperatura)dV$$

$$\iiint_{.V} (calor.específico)(densidad)(temperatura)dV = \iiint_{.V} (c\rho U)dV \qquad (12)$$

donde **c** es el calor específico (usualmente a presión constante) y $\boldsymbol{\rho}$ es la densidad. Entonces el porcentaje de incremento de calor en **S** está dado por:

$$\frac{d}{dt} \iiint_{.V} (c\rho U)dV = \iiint_{.V} c\rho\left(\frac{dU}{dt}\right)dV \qquad (13)$$

Igualando los resultados de las ecs. (11) y (13) dado que expresan el mismo parámetro físico se tiene:

$$\iiint_{.V} \nabla(\kappa\nabla U)dV = \iiint_{.V} c\rho\left(\frac{dU}{dt}\right)dV$$

$$\iiint_{.V} \left[\nabla(\kappa.\nabla U) - c\rho.\left(\frac{dU}{dt}\right)\right]dV = 0$$

$$\nabla(\kappa\nabla U) = c\rho\left(\frac{dU}{dt}\right) \qquad (14)$$

La ecuación (14) en una dimensión corresponde a:

$$\frac{d^2U}{dx^2} = \frac{c\rho}{\kappa}\left(\frac{dU}{dT}\right) \qquad (15)$$

Una solución a la ecuación diferencial (15) es:

$$U = Ke^{-x(1+i)\sqrt{\frac{\alpha\rho\pi.f}{\kappa}}}e^{i\omega t} = Ke^{-x\sqrt{\frac{\alpha\rho\pi.f}{\kappa}}}e^{-ix\sqrt{\frac{\alpha\rho\pi.f}{\kappa}}}e^{i\omega t} \qquad (16)$$

La representación física de la ecuación anterior es llamada *"onda térmica"*, donde por su comportamiento se tienen un primer término de amortiguamiento es llamado amplitud ($Ke^{-x\sqrt{(c\rho\pi f\,/\,\kappa)}}$), una segunda parte que corresponde a el comportamiento oscilante en el espacio ($Ke^{-ix\sqrt{(c\rho\pi f\,/\,\kappa)}}$) y una tercera parte que es oscilante en el tiempo ($e^{i\omega t}$), esta solución contiene un termino que se puede atenuar conforme la onda penetra en un material como se muestra en la figura 4.

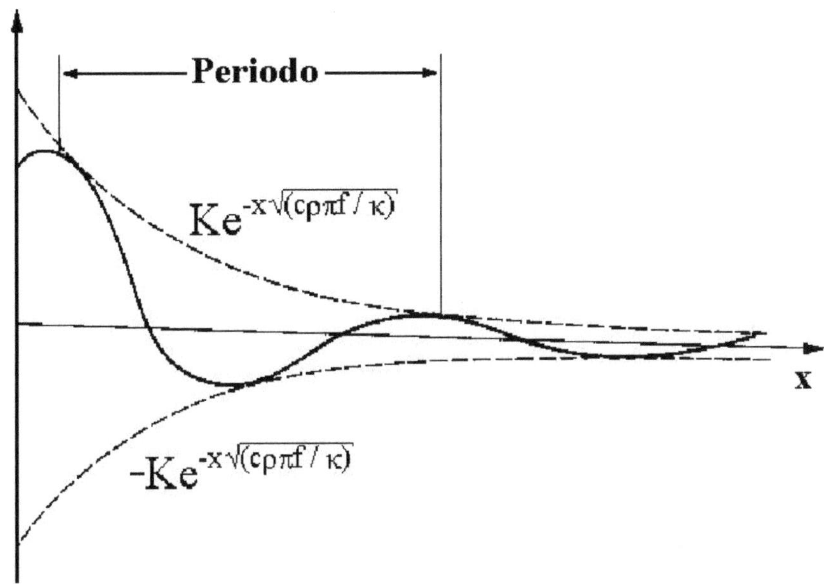

Figura 4.- Descripción de la Amplitud $Ke^{-x\sqrt{(c\rho\pi f\,/\,\kappa)}}$ de la onda térmica

Es conveniente definir una longitud de difusión térmica μ como ($\kappa\,/\,c\rho\pi f$)$^{1/2}$. La comprobación a la solución de la ecuación diferencial es:

$$\frac{dU}{dt} = \left[Ke^{-x(1+i)\sqrt{\frac{\alpha\rho\pi.f}{\kappa}}} \right]\left[e^{i\omega t} \right](i\omega) = U(i\omega) \tag{17}$$

$$\frac{dU}{dx} = \left[Ke^{-x(1+i)\sqrt{\frac{\alpha\rho\pi.f}{\kappa}}} \right] \left[e^{i\omega t} \right] \left[-(1+i)\sqrt{\frac{\alpha\rho\pi.f}{\kappa}} \right] \tag{18}$$

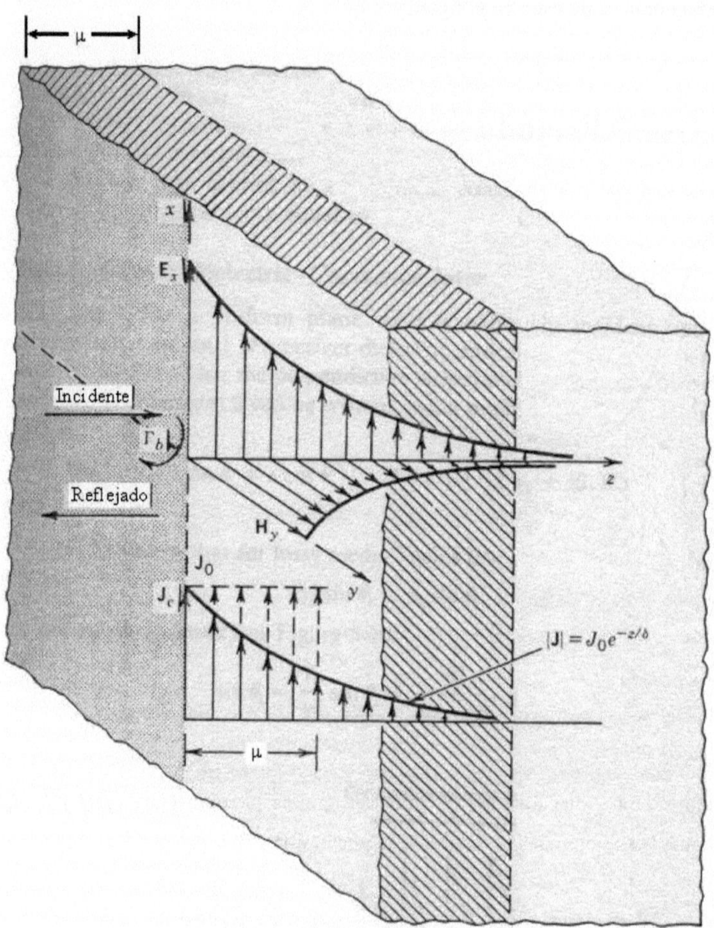

Figura 5.- Difusión de energía en el material determinada por el comportamiento de una onda térmica en función de μ, nótese el comportamiento de la onda electromagnética.

$$\frac{dU^2}{d^2x} = \left[Ke^{-x(1+i)\sqrt{\frac{\alpha\rho\pi.f}{\kappa}}} \right]\left[e^{i\omega t} \right]\left[-(1+i)\sqrt{\frac{\alpha\rho\pi.f}{\kappa}} \right]\left[-(1+i)\sqrt{\frac{\alpha\rho\pi.f}{\kappa}} \right] \quad (19)$$

$$\frac{dU^2}{d^2x} = U\left[(1+i)^2\left(\frac{\alpha\rho\pi.f}{\kappa} \right) \right] = U\left[(1+2i-1)\left(\frac{\alpha\rho\pi.f}{\kappa} \right) \right] \quad (20)$$

$$\frac{dU^2}{d^2x} = U(2i)\left(\frac{\alpha\rho\pi.}{\kappa} \right)\left(\frac{\omega}{2\pi} \right) = \left(\frac{\alpha\rho}{\kappa} \right)(i\omega)U \quad (21)$$

definiendo una frecuencia angular ($\omega=2\pi f$), al sustituir la ec.(17) en la ec. (21) se tiene:

$$\frac{dU^2}{d^2x} = \frac{\alpha\rho}{\kappa}\left(\frac{dU}{dt} \right)$$

donde en la ec. diferencial anterior se define el término de difusión térmica (α) y longitud de difusión térmica (μ) como:

$$\alpha = \frac{\kappa}{\rho.c}.\left(\frac{m^2}{seg} \right) \quad (22)$$

$$\mu = \frac{1}{a} = \sqrt{\frac{2\kappa}{c\rho.\omega}}.\left(\frac{1}{m} \right) = \sqrt{\frac{\kappa}{c\rho.\pi.f}}.\left(\frac{1}{m} \right) \quad (23)$$

V. II.- Mecanismos de la generación de señal en sólidos

Los principales mecanismos de generación de señal en un sólido son:

A. Uno de los principales mecanismos de generación de señal en un sólido es la conducción de calor generado en la muestra. Este mecanismo es denominado difusión térmica.

B. Otro mecanismo de generación de señal, es la expansión térmica de la muestra, es decir, al sufrir calentamiento por absorción de radiación, la muestra se expenda periódicamente. Este mecanismo se tomo en cuenta por primera vez por el modelo de Rosencwaing y Gersho. El mecanismo de expansión térmica puede ser dominante en altas frecuencias de modulación y en muestras de bajo coeficiente de absorción óptico, este mecanismo depende de la temperatura media de la muestra.

C. El tercer mecanismo de generación de señal, es la flexión termoelástica. Este mecanismo se presenta, cuando la absorción de radiación modulada crea un gradiente de temperatura en la muestra perpendicular a la superficie. Debido al gradiente de temperatura, la expansión de la muestra depende de la profundidad de penetración para la radiación, resultando una flexión para la muestra. Esta flexión periódica hace que la superficie produzca una señal acústica y térmica[14].

D. El último mecanismo de generación de señal es de tipo fotoacústico y es debido al efecto fotobárico,[15] que puede ocurrir en muestras fotoquímicamente activas, con el intercambio gaseoso entre la muestra y el gas de la celda acústica.

Las propiedades de materiales bajo el mecanismo de difusión se muestran en la tabla 2, donde además se muestra la notación para la descripción y modelaje de la señal óptica y térmica del sistema.

Parámetros	Denominación	Unidades
K_j	Conductividad térmica del material j	W/cm-k
ρ_j	Densidad del material j	gr/cm^3
C_j	Calor específico del material j	W/g-k
ω	Frecuencia de modulación del haz de luz incidente	Rad/seg
α_j	Difusividad térmica del material j	cm^2/seg
a_j	Coeficiente de difusión térmica del material j	cm^{-1}
σ_j	Coeficiente complejo de difusión térmico	cm^{-1}
$\mu_j = 1/a_j$	Longitud de difusión térmico del material j	cm
l_s	Espesor de la muestra	cm
β	Coeficiente de absorción óptica	cm^{-1}
μ_β	Longitud de absorción óptica	cm

Tabla 2.- Notación para la descripción de la señal óptica.

Los casos especiales desde el punto de vista de la óptica un material se clasifica y caracteriza por su opacidad óptica, la cual se determina por la relación que hay entre la longitud de absorción óptica $\mu_b=1/a_j$ y el grosor l del material. Así de acuerdo con la opacidad óptica, los materiales pueden dividirse en dos grandes grupos:

A) Materiales ópticamente transparentes: Un material es ópticamente transparente cuando de toda la intensidad de la luz que llega a la superficie del mismo y una pequeña parte se absorbe a lo largo de todo el espesor de la muestra, pero la mayor parte se transporta. Lo anterior se expresa matemáticamente como $\mu_s > l$.

B) Materiales ópticamente opacos: En este caso, la intensidad de luz que llega a la superficie del material se atenúa completamente mucho antes de que atraviese a la muestra. Se escribe: $\mu_s < l$. Por otro lado, desde el punto de vista térmico un material puede ser catalogado de acuerdo con la relación que hay entre la magnitud de la longitud de difusión térmica, definida como μ_s y el espesor de la muestra.

$$\mu_s = \sqrt{\frac{\alpha}{\pi f}} \tag{24}$$

Entonces se tiene que los materiales se catalogan fototérmicamente como:

A) Materiales térmicamente finos: Este tipo de materiales se consideran así cuando la longitud de difusión térmica $\mu_s > l$ es mayor que el espesor de la muestra: $\mu_s > l$ como puede apreciarse en la figura 6.

B) Materiales térmicamente gruesos: Se caracterizan por el hecho de que la onda térmica se atenúa en el interior de la muestra: $\mu_s < l$. En este trabajo se considera solo materiales térmicamente gruesos y ópticamente opacos. En la figura 6, mostramos de manera esquemática los comportamientos térmicos antes descritos.

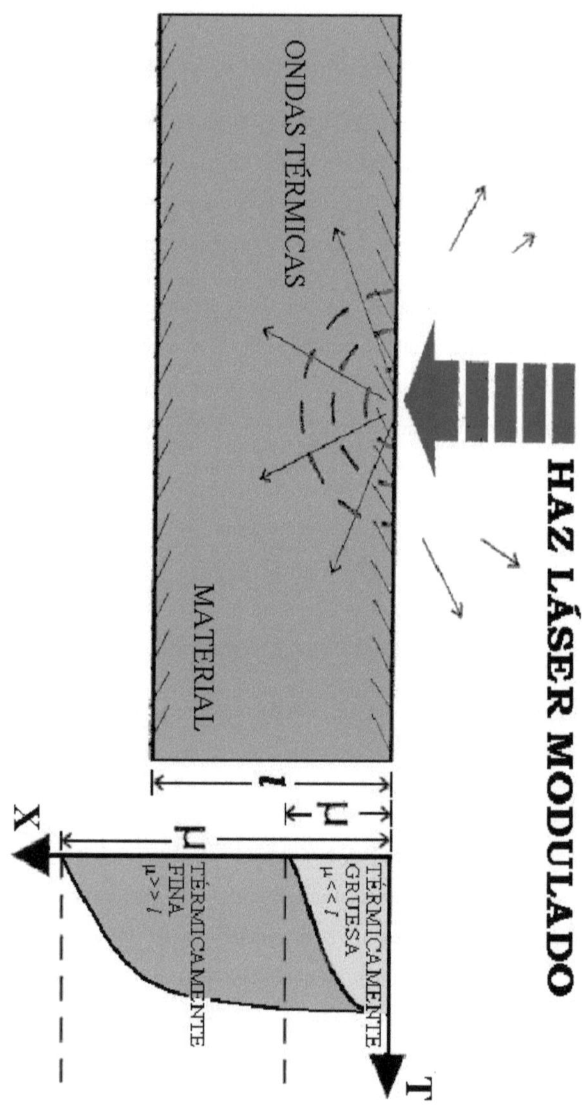

Figura 6.- Ilustración del comportamiento térmicamente fino y térmicamente grueso.

V. III.- Técnicas fototérmicas

El campo de estudios mediante aplicación de técnicas fototérmicas[1,2] abre un nuevo universo en investigaciones físicas para la caracterización de materiales. Las técnicas fototérmicas son de aplicación amplia y están siendo usadas por investigadores en campos tan diversos como: química, biología, física y campos multidisciplinarios. La moderna ciencia fototérmica incluye más de 15 métodos, los cuales difieren en el principio de detección y se utilizan satisfactoriamente para analizar sólidos[3-5], líquidos[6], y gases[15]. En particular, estos métodos son muy eficientes en la evaluación cuantitativa no destructiva, microscopía y espectroscopía de materiales. En particular, cuando se realiza un experimento, queremos obtener parámetros físicos de nuestra muestra, además de información cuantitativa relacionada con parámetros ópticos, mecánicos, geométricos y térmicos entre otros. Con este tipo de espectroscopia podemos estudiar procesos de absorción óptica en materiales opacos y transparentes[2], caracterización de propiedades térmicas como lo es la difusividad térmica[3-5], estudios de procesos de relajación no radiactivos en el volumen y en la superficie de materiales semiconductores[12]. Debido a que la distribución espacial de calor dentro de la muestra puede ser modificada por portadores de carga y fotones, los experimentos sobre los efectos y contribuciones tanto de fenómenos como portadores libres a la difusividad y conductividad térmicas. Una ventaja de estas técnicas es que no necesita la elaboración de contactos eléctricos en la muestra. Cuando la radiación electromagnética incide sobre la muestra, puede convertirse total o parcialmente en calor mediante procesos de desexcitación no radiactivos dentro del sólido, por lo que el calor o energía térmica generado puede ser transportado tanto por los portadores libres como las vibraciones de la red. En los métodos fototérmicos un rayo láser de amplitud modulada a cierta frecuencia es enfocado sobre la superficie de la muestra. El flujo periódico de calor resultante del material es un proceso difusivo, que produce una distribución de temperatura la cual es llamada *Onda Térmica*.

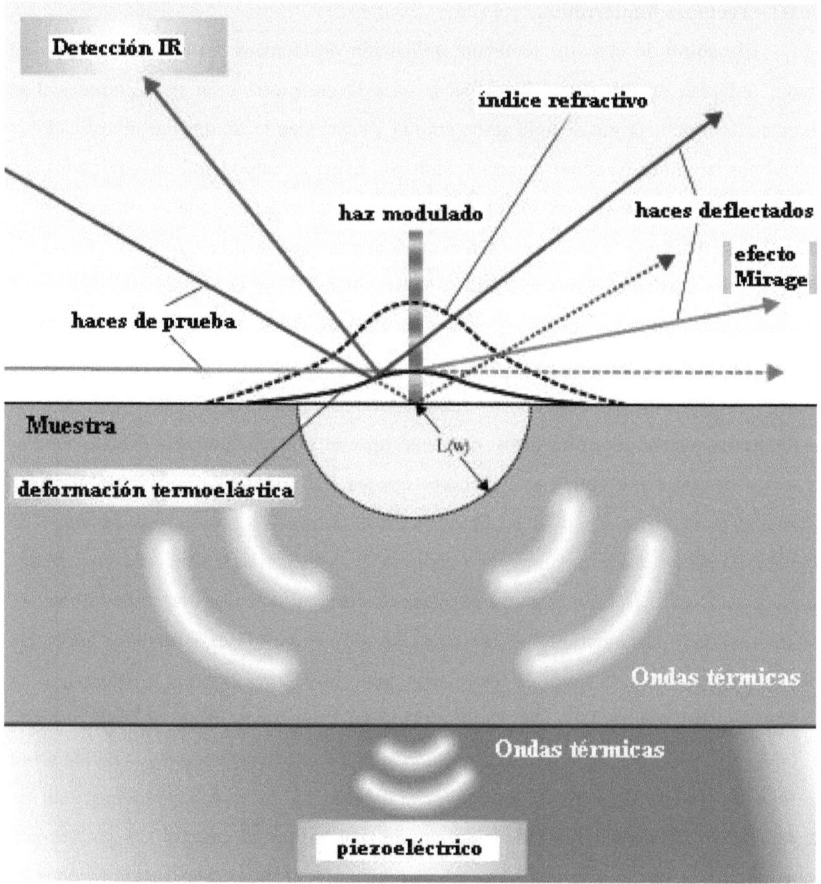

Figura 7.- Mecanismos de las técnicas fototérmicas más comunes.

La aplicaciones de técnicas fototérmicas incluyen la medición de propiedades ópticas, térmicas y de distribución de temperaturas como fronteras térmicas, así como defectos en la muestra. La señal obtenida por estas técnicas se puede analizar mediante el empleo de equipos como: a) Amplificador Sensible a la Fase (Lock-in), b) Integrador (Box Card Integrator), c) Analizador FTT (Fast Fourier Transform Analyzer), dependiendo de los requerimientos de medición. En la figura 8 se muestran algunas técnicas fototérmicas.

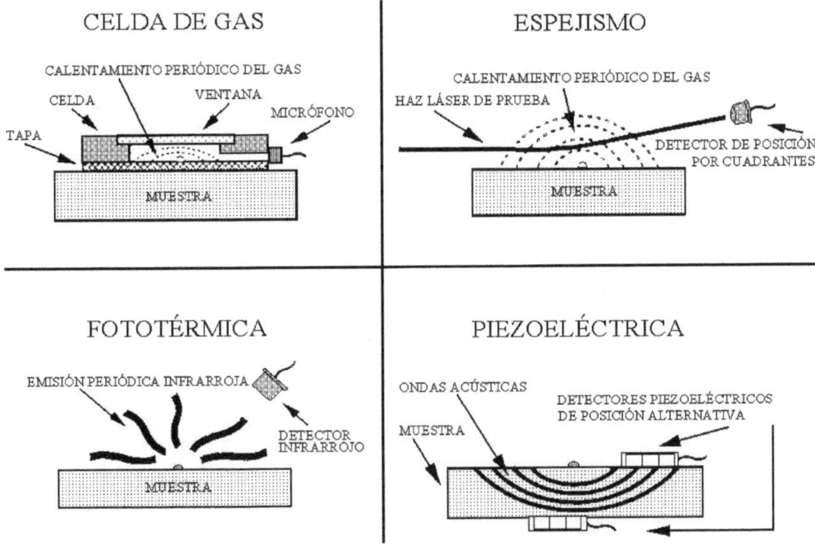

Figura 8.- Técnicas fototérmicas comunes para medición de muestras.

V. IV.- Montaje experimental y metodología

El arreglo experimental del instrumento utilizado para el diagnóstico de obleas de silicio, así como de imágenes térmicas y termoelectrónicas es mostrado en la figura 9. Un láser de argón sintonizado en la línea 514 nm. se pasa a través de un modulador acústico-óptico (MAO) y subsecuentemente por un expansor de haz (Melles Griot 10X) produciendo un haz de 1 cm de diámetro. El haz expandido posteriormente es enfocado en la superficie de la muestra usando una lente gradium de distancia focal 12. 4 cm. El tamaño de haz Gaussiano enfocado sobre la muestra es de solo 40 micras de diámetro. Para obtener una imagen radiotérmica de alta definición, es necesario tener un haz de estas dimensiones, lo que permite usar un modelo radiométrico tridimensional que tiene en cuenta que la región de generación de la señal sea mucho menor que la longitud de difusión de portadores. La medición del diámetro del haz Gaussiano fue determinada mediante un medidor óptico de perfiles de haz (spiricon LBA-100ª V3.03). La potencia del haz incidente utilizada en los experimentos reportados fue de 50 micro Watts, lo que satisface las condiciones de baja inyección y nos mantiene en el régimen lineal. Es necesario tener en cuenta la reflectividad de las muestras de silicio en la longitud de onda utilizada que es de alrededor de $(0.4)^{14}$. La radiación infrarroja resultante emitida por la superficie del semiconductor es colectada, colimada y enfocada usando dos espejos parabólicos. La señal se obtiene utilizando un detector de CdTeHg enfriado con nitrógeno liquido con respuesta espectral de 2 a 12 micras. La señal de salida del detector es preamplificada y alimentada a un amplificador Lock-in (Stanford Researh System 850) el cual demodula la señal de onda térmica generada. Para obtener los parámetros termoelectrónicos en obleas de silicio el rango típico de frecuencias utilizado es de 10 Hz a 100 KHz. La adquisición de datos, y el control de frecuencias se hace mediante una computadora personal. Todos los experimentos realizados fueron normalizados mediante una función instrumental (calibración del sistema) utilizando una aleación de zircón (contribución térmica pura); la señal radiométrica obtenida se renormaliza utilizando una oblea de silicio de alta calidad, con contribución electrónica pura, esta segunda normalización se debe realizar para eliminar el ruido térmico de la muestra de referencia a altas frecuencias, la cual tiende a ser degradada debido a la relación señal ruido. Las imágenes radiométricas fueron generadas usando un sistema computarizado X-Y. La señal obtenida posee dos canales de salida como son amplitud y fase, lo que permite obtener imágenes térmicas y termoelectrónicas (multicanal). En reciente publicación[1] se demostró que, a bajas frecuencias la señal responde esencialmente a la contribución térmica (difusividad térmica, coeficiente de difusión de portadores y velocidad de recombinación trasera), lo que permite la obtención de imágenes térmicas, mientras que a altas frecuencias la señal esta principalmente gobernada por la contribución de plasma (tiempo de vida de portadores, velocidad de recombinación frontal).

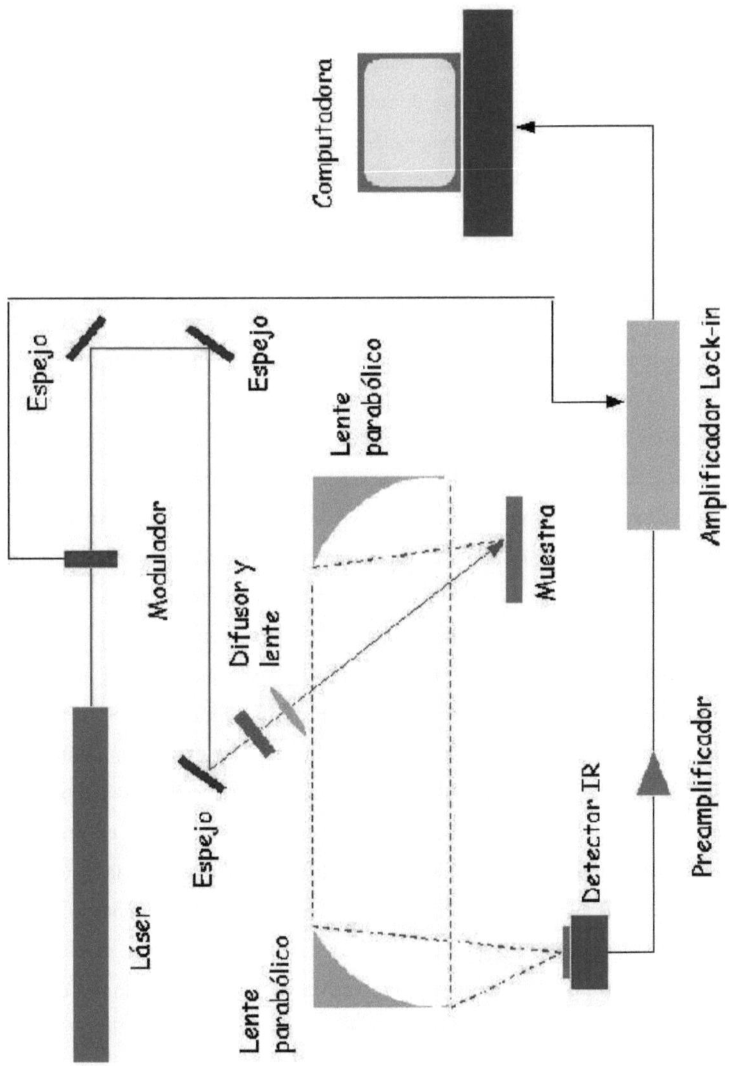

Figura 9.- Montaje experimental utilizado para radiometría fototérmica infrarroja en el arreglo tridimensional

V. V- Descripción de las muestras

Las muestras analizadas en este trabajo fueron: una oblea de silicio de 15 cm de radio, térmicamente oxidada (muestra de referencia) tipo p; una oblea de silicio de 12 cm de diámetro (1000 Å SiO_2) con dispositivos microelectrónicos de la compañía Mitel Semiconductors (Bromont, Québec, Canadá).

V. VI.– Sistema de posicionamiento bidimensional x-y

Para manipular la orientación en forma espacial de este sistema, se tiene un sistema mecánico de posicionamiento, donde los desplazamientos son controlados mediante motores de pasos acoplados a guías giratorias micrométricas, obtenido micropasos (10^{-6}m). Por otra parte, el desplazamiento generado por el sistema mecánico permite analizar diferentes posiciones de la muestra , esta radiación es colectada por un sensor termico, donde se pueden detectar las diferentes regiones de la muestra, mediante el uso de un detector de Teluro de Cadmio Mercurio, donde el láser incide en forma oblicua sobre la superficie de la muestra. El arreglo experimental permite, que la luz reflejada por la superficie de la muestra sea colectada por el detector.

El proceso de escaneo consiste en manipular los desplazamientos de los motores mediante la ayuda de una computadora personal, la proyección del láser la muestra es colectado por el detector, donde el detector obtiene la temperatura promedio de las coordenadas para la posición actual de la muestra. Así, al existir un cambio en las propiedades estructurales del material, genera un cambio modulado en la temperatura de la superficie.[11] El cambio de temperatura colectado por el detector es procesado y digitalizado en amplitud y fase mediante un amplificador sensible a la fase (lock-in), la información es adquirida y analizada en una computadora personal, la cual retroalimenta a la etapa de control de los motores de paso, para posteriormente manipular la posición de la superficie de la muestra y de esta manera lograr un análisis milimétrico sobre la región de la oblea que se desea estudiar.

V. VII.- Sistema micrométrico de posicionamiento

En el sistema mecánico de microposicionamiento para el posicionamiento de la muestra, se producen por medio de motores de pasos, pequeños desplazamientos de la orientación de la muestra ($\Delta x, \Delta y$). Este sistema está constituido por dos motores de pasos controlados electrónicamente, el movimiento de los motores queda regido por los estados lógicos de una interface, a continuación se describe la programación de dicha interface:

EJECUCION DEL PROGRAMA: El software prácticamente podrá controlar todo el sistema mecánico y registrar la lectura del dispositivo sensor. Podrá realizar el barrido de la muestra, capturar, almacenar y procesar los datos experimentales. Por último, reconstruirá la imagen termoelectrónica a partir de los datos de intensidad experimentales registrados por él detector. El software del dispositivo está escrito en el lenguaje de programación pascal. Se utilizó este lenguaje porque se contó con una PC 386 y no soporta ninguna versión de Windows. La ventaja es que se tiene la posibilidad de ejecutar el programa en cualquier PC aunque no soporta ninguna versión de Windows y se puede correr desde MS DOS. La estructura de este programa tiene las siguientes opciones:

Menú principal:

Las opciones del menú principal son las siguientes:

a) Creación de directorios,

b) Búsqueda de archivos,

c) Graficación de datos experimentales

d) Captura de datos experimentales de transmisión del laser para el detector

e) Reconstrucción de la imagen topográfica de la oblea

f) Cronograma de respuesta del detector

g) Topología de respuesta del detector

h) Alineación de la base de la muestra

i) Barrido X-Y de la muestra

j) Obtención de la imagen PTR de la   muestra

Enseguida se describe brevemente las opciones anteriores.

Inicio. Para iniciar el programa y ejecutar las opciones d) a j) se debe tener el láser encendido previamente durante el tiempo necesario para su alcanzar una estabilidad en la intensidad del haz y del detector con su voltaje de alimentación.

Creación de dirección. Se crean directorios para guardar los archivos de los datos experimentales, de la respuesta de los detectores y del barrido X-Y sobre la muestra.

Búsqueda de archivo. Se realiza la búsqueda de archivos de datos experimentales ya existentes, para su visualización.

Graficación de datos experimentales. Se grafican los datos experimentales:

a) voltaje de lectura del detector contra tiempo de lectura (cronograma)

b) posición (x, y) contra voltaje V de la señal de lectura del detector (topología)

Captura de datos experimentales del arreglo óptico. Se realiza la captura de los datos experimentales del arreglo óptico para calibrar el tiempo de respuesta del detector. También se registran los datos experimentales de transmisión del láser al realizar el barrido de la muestra en las direcciones X y Y.

Reconstrucción de la imagen. Se reconstruye la imagen termoelectrónica a partir de los datos experimentales del arreglo óptico.

Barrido X-Y sobre la muestra. Se controla el movimiento del láser en el plano X-Y porta muestras a través de motores de pasos. El movimiento de traslación de los motores de pasos dependen de las salidas al puerto [$378] registradas por las fases.

Barrido de la muestra en el plano X-Y: El diagrama de flujo del barrido X-Y se muestra en la figura 10 donde se definen las esquinas inferior (c y superior (x_f, y_f) de la ventana de desplazamiento, el control de desplazamiento lineal por medio de los motores de pasos, los puertos de entrada y salida de la interfase entre la PC y el sistema mecánico y el arreglo óptico.

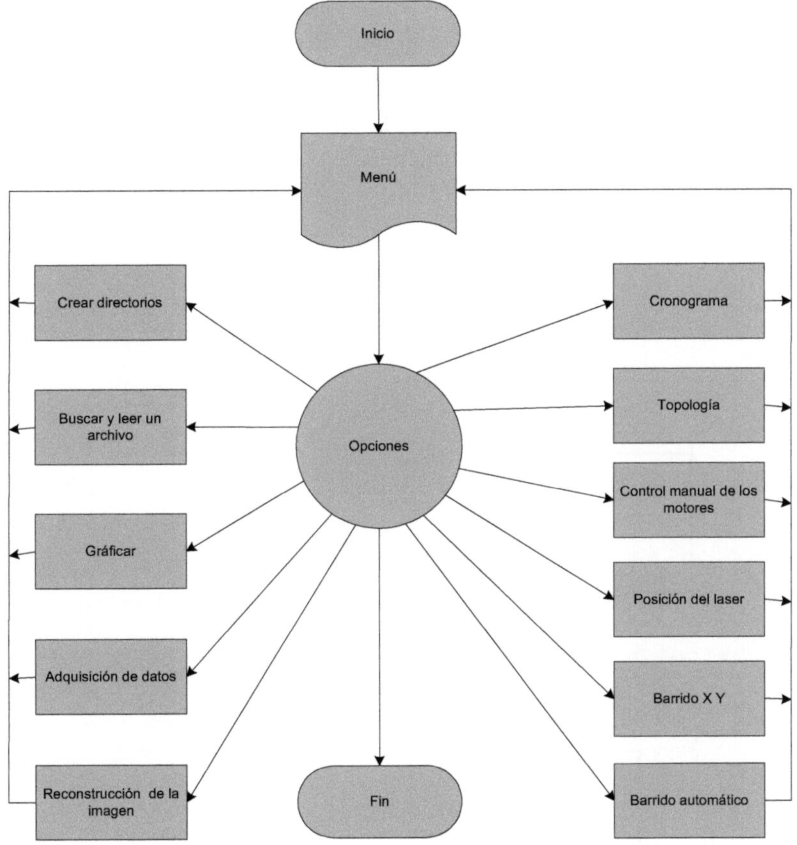

Figura 10.- Opciones del menú principal para el control de la mesa X-Y.

V. VIII.- Programación de los dispositivos externos

El sistema mecánico de prueba consiste en dos motores de pasos cuyos ejes están unidos a un micrómetro. El desplazamiento se lleva a cabo sobre el plano X-Y. El software del barrido X-Y (figura 11) sobre la muestra se encargará de controlar el microdesplazamiento de arreglo óptico en las diferentes X y Y por medio de los motores de pasos. El barrido se puede realizar en un área diferente por el usuario o de manera automática donde el software encuentra primero el contorno de la muestra, para barrer posteriormente únicamente el área delimitada por dicho contorno.

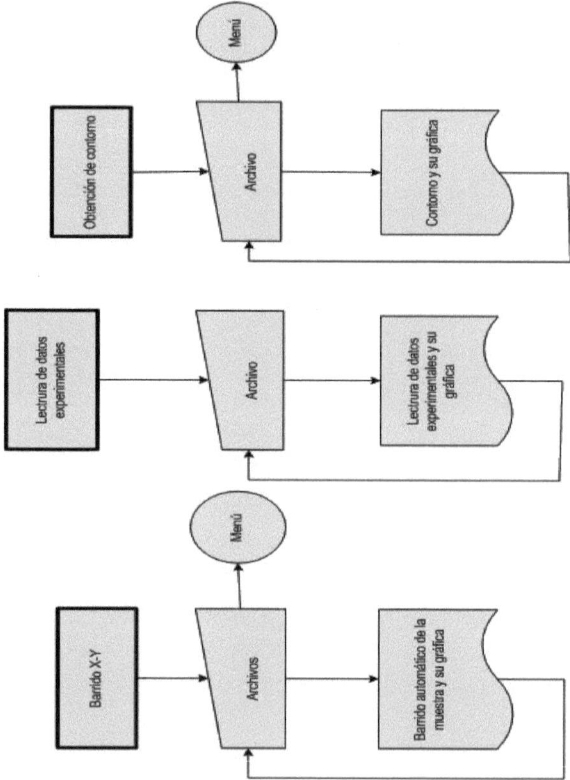

Figura 11.- Algoritmo para el sistema automático de PTR.

Los tiempos de respuesta promedio de la señal del detector se pueden obtener utilizando la opción del software llamada "Cronograma".

El barrido de la muestra fue programado de tal manera que se puede realizar simultáneamente con la graficación de los datos experimentales en tiempo real. El barrido se puede realizar por dos opciones. La primera consiste en definir el área de barrido dando los puntos iniciales o coordenadas de la esquina inferior izquierda (x_i, y_i) de la ventana de barrido y posteriormente de su esquina superior derecha (x_f, y_f), la segunda consiste en un barrido automático de la muestra, comenzando en la esquina inferior izquierda (x_i, y_i). El láser puede realizar desplazamientos en el eje X hacia la derecha y hacia la izquierda en el intervalo (x_i, y_f) hasta localizar un extremo de la muestra (x_d, y_d). A partir de esa posición realizada la detección del contorno, siguiendo el perímetro de la muestra hasta llegar al punto inicial(x_d, y_d). Las coordenadas del contorno pueden ser grabadas en un archivo (archivo .DAT). una vez que se obtenga el contorno, el arreglo óptico puede realizar el barrido en el área dentro del perímetro del contorno. El programa fue diseñado para obtener y registrar la señal de hasta 2 detectores simultáneamente. La lectura se puede realizar en serie o en paralelo. En el caso de lectura en serie, se leen las señales de un solo detector, y al terminar, se prosigue con las lecturas del siguiente y así sucesivamente. En el caso de lecturas en paralelo, se realiza una lectura de un primer detector, se prosigue con una sola lectura del siguiente y así sucesivamente hasta obtener una sola lectura de todos los detectores para repetir nuevamente esta secuencia. La señal se obtiene del puerto [$379]. La selección del canal (detector) se realiza direccionando el puerto [$378] con el dato binario canal [0...2]. El desplazamiento del arreglo óptico sobre el eje X o Y, se realiza direccionando el puerto [$378] con el binario del motor X[1...8] o del motor Y[1...8]. El desplazamiento XY es de 0.36 mm por paso de motor, por lo que se pueden obtener, en teoría, píxeles de área $(0.36mm)^2$ .Uno de los problemas que tiene el desplazamiento por pasos, es el tiempo de barrido de la muestra, que puede llegar a ser de horas, ya que una matriz de [100,100] píxeles, el proceso de lectura es:

$$100 \times 100 \times tiempo\ lectura \qquad (25)$$

donde el tiempo de lectura depende del tiempo de integración (lock-in). Aunque esto depende en gran medida de las características del hardware utilizado. Otros problemas es la fricción de eje de los motores debido al peso del sistema óptico lo que puede provocar vibraciones que pueden producir ruido en las mediciones.

V. IX.– Base mecánica x-y

Esta parte es donde se encuentra la muestra que se desea desplazar, en donde se emplean 2 tornillos micrométricos, los cuales tienen una resolución de 120 micrómetros por vuelta y están dispuestos a 180 grados sobre la plataforma, estos se encuentran unidos cada uno a un motor de pasos y además están fijos sobre una base metálica, la cual sirve como sistema de traslado para un plano. El motor encargado de desplazar la base tiene un giro mínimo de 0.9 grados con respecto a su posición anterior y son acoplados a guías micrométricas de 635 µm por vuelta, lo que equivale a un avance lineal del micrómetro provocado por el motor de aproximadamente 1.1 µm por paso, siendo éste el desplazamiento mínimo de posicionamiento que se aplica a la base X-Y. Por otra parte, el control de los pasos, así como el tiempo de magnetización por fase y el sentido de rotamiento del motor se realiza por medio de programación, donde sus fases son conectadas a las líneas del puerto paralelo de la computadora (Computadora Personal 386 MMX IBM), las componentes de base se muestra en la figura 12.

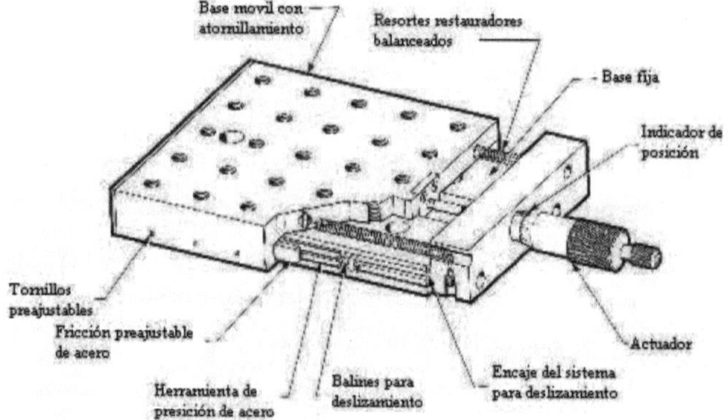

Figura 12.- Elementos de la base móvil en un eje para desplazamiento.

V. X.– Etapa de potencia para motores

La etapa de potencia es la parte analógica que se encarga de recibir las señales obtenidas por el puerto paralelo y a que su vez, se dirigen hacia los motores de paso, transformándolas en señales de potencia. Para excitar los motores se usa un voltaje de 12 Vdc con una corriente de un Amper. Las señales encargadas del excitamiento de las fases de los motores provienientes del puerto paralelo son optoacopladas, esto con el fin de aislar la tierra entre la PC (con señales del orden de mA.) y la etapa de potencia (del orden de Amperes), con sus correspondientes resistencias, éstas a su vez, se encargan de hacer que transistores de potencia operen en la región de saturación.[33] Los transistores de potencia sirven como conmutadores para el voltaje de las fases del motor a mover. En este arreglo, las fases de los motores se conectan entre la base y el colector de transistores, conectando a su vez un diodo que mantiene la corriente de fase, asegurando la posición del motor.[33] La resistencia por fase del motor es muy pequeña ($\sim 2.4\Omega$), después de un tiempo de magnetización de una fase, el paso de la corriente (1A) calienta esta etapa, por lo cual se colocó un pequeño ventilador de 12 Vdc/15 mA en el sistema y funciona mientras el sistema este conectado. Otro aspecto es la cantidad de potencia entregada a la carga, que depende de sí la magnetización es de una o dos fases del motor a la vez, tomándose en cuenta que para medios pasos se magnetizan 2 fases del motor al mismo tiempo y a pasos enteros se magnetiza únicamente una de las fases del motor, donde en medios pasos se consume el doble de potencia suministrada que para un paso entero. Las conexiones entre las fases de los motores y los transistores de potencia, se hicieron a través de un conector de 25 pines.

V. XI.-Características de la imagen del barrido x-y

Matemáticamente, el término imagen se refiere a una función bidimensional de la luz y la intensidad, a la que se indica como f[x,y] (f[x,y] representa a la función analógica y f(x,y) representa esta misma después de haberla digitalizado), donde el valor o amplitud de f en las coordenadas espaciales [x,y] da la intensidad de la imagen en ese punto. En algunas ocasiones el procesamiento digital se efectúa sobre imágenes monocromáticas, por lo que a la intensidad   de estas   se le denominará nivel de gris de la imagen en ese punto. Para que una función de imagen f(x,y) se pueda procesar por medio de una computadora, es necesario digitalizarla, tanto espacialmente como en su amplitud. La digitalización de las coordenadas espaciales [x,y] se denomina muestreo de la imagen y a la digitalización de la amplitud se conoce bajo el nombre de cuantificación de nivel de gris. Se supone que una imagen continua f(x,y) se describe en forma aproximada por una serie de muestras igualmente espaciadas en forma de una matriz de dimensión NxM. Al resultado de este arreglo se le denomina imagen digital y a cada elemento se le conoce como elemento de la imagen o pixel. Cada pixel incorpora el nivel de luminosidad del punto correspondiente de la escena digital. El número de bits, empleados por pixel se conoce como la resolución en niveles de gris. Así, 8 bits permiten manejar 2^8 niveles de gris, que es una resolución en la frontera de lo que puede discriminar el ojo humano. La relación entre la imagen real (Lx,Ly) y la imagen de pantalla (m,n) es la siguiente:

$$\frac{Lx}{Ly} = \frac{2^n}{2^m} \tag{26}$$

donde la longitud de la base Lx y Ly son los desplazamientos longitudinales totales en los ejes X y Y respectivamente y 2^n es el número de renglones y 2^m el numero de columnas de la matriz de imagen. Si Δx, Δy están dados en milímetros, se tiene la equivalencia entre la matriz *real* (X(mm), Y(mm)) con la matriz de la imagen $[2^n, 2^m]$ pixeles. La equivalencia entre pixeles y mm es entonces:

$$N_{pixeles} = 2^n = X(mm) = Y(mm) = Lx = Ly \tag{27}$$

La posición inicial del láser, en las coordenadas X-Y, para enviar el haz de luz sobre la oblea es (Lx_0, Ly_0). La posición P_{xy} de la matriz real se relaciona con el pixel [i,j] de la imagen por:

$$P_{xy} = \left[Lx_0 + (i-1)\Delta x + \frac{\Delta x}{2}, \quad Ly_0 + (j-1)\Delta y + \frac{\Delta y}{2} \right] \tag{28}$$

El número de pixeles ocupados entre la imagen real y la imagen en la pantalla es:

$$\text{número} \quad de \quad pxeles = \left[\frac{\text{longitud} \quad de \quad la \quad base}{\text{diametro} \quad del \quad laser} \right]^2 \tag{29}$$

donde la longitud de la base $Lx=150\ mm$, en el caso de que se desee realizar un barrido de longitud igual al diámetro de la base de la muestra y el diámetro del haz láser $e = 1$ mm. Lo anterior da por resultado una matriz máxima de dimensión 150 X 150 píxeles de área igual a $e^2 =1mm^2$, en el caso de que el desplazamiento lineal Δx del láser sea igual a $e = 1mm$, es decir,

$$N_{pixeles} = \frac{Lx}{e} = \frac{15cm}{1mm} = 150 \tag{31}$$

el múltiplo más cercano 2^n de 150 píxeles es de $2^7 =128$ píxeles, lo que equivale a 128 mm. Por conveniencia se puede utilizar una matriz imagen de $2^7 \times 2^7$ píxeles. Se tiene entonces equivalencia de la matriz Real [128mm x 128mm] y de la matriz de Imagen $[2^7 \times 2^7]$ píxeles .La posición inicial del láser sobre los ejes X y Y, para enviar el primer rayo es de (Lx_0, Ly_0) donde $Lx_0 = (150mm-128mm)/2 =11mm$ y $Ly_0 = (150mm-128mm)/2 =11mm$.

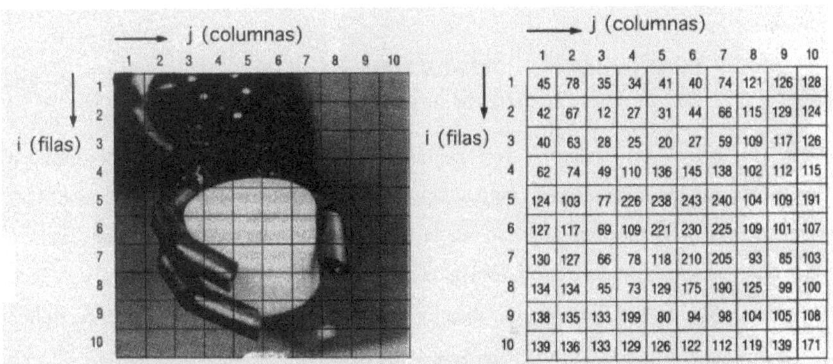

	1	2	3	4	5	6	7	8	9	10
1	45	78	35	34	41	40	74	121	126	128
2	42	67	12	27	31	44	66	115	129	124
3	40	63	28	25	20	27	59	109	117	126
4	62	74	49	110	136	145	138	102	112	115
5	124	103	77	226	238	243	240	104	109	191
6	127	117	69	109	221	230	225	109	101	107
7	130	127	66	78	118	210	205	93	85	103
8	134	134	95	73	129	175	190	125	99	100
9	138	135	133	199	80	94	98	104	105	108
10	139	136	133	129	126	122	112	119	139	171

Figura 13. Imagen monocromática y su correspondiente digitalización.

V. XII.- El amplificador sensible a la fase

El amplificador sensible a la fase (ASF) es un dispositivo electrónico que permite filtrar señales periódicas, con una frecuencia y fase determinadas, de una señal. El corazón de un ASF es un mezclador seguido de un integrador. El mezclador tiene la función la señal a analizar por una señal cuadrada y simétrica del nivel cero (señal de referencia), cuya frecuencia fundamental es igual a la señal de interés. El integrador, como su nombre lo indica, integra en el tiempo la señal del mezclador, obteniéndose de esta manera a la salida del ASF un voltaje de d.c. proporcional al valor de pico a pico de la señal periódica que se desea analizar. En la siguiente figura se ilustra la operación del ASF para, una señal constante en el tiempo, y para una señal senoidal. Para la primera se tiene una salida igual a cero y para la segunda se obtiene una proporcional a la amplitud de la señal de entrada. Si la señal de entrada del ASF no es un armónico puro, el voltaje a la salida del mismo contendrá componentes provenientes de los armónicos de orden superior al primero. El ASF se entona a la frecuencia que el Modulador Acústico Óptico (MAO), de tal manera que el voltaje de salida, además de la componente (proporcional a $Cos(\delta)$), contendrá componentes provenientes de los armónicos de mas alto orden. Con el objeto de cuantificar la amplitud de estas componentes, expandamos en series de Fourier la función $Cos(\delta)$. Con $\delta=\pi Sen(\omega t)$, se obtiene:

$$Cos[\pi Sen(\omega t)] = -0.3042 + 0.9709[Cos(2\omega t)] + 0.3028[Cos(4\omega t)] + \\ 0.0291[Cos(6\omega t)] + 0.0014[Cos(8\omega t)] + ... \tag{32}$$

Los armónicos de orden cero, segundo, cuarto y quinto no contribuyen significativamente a la salida de voltaje del ASF, por lo tanto, se considera que el ASF responde exclusivamente al armónico de la frecuencia de sintonización, y que, desde el punto de vista de la detección sincrónica, la señal de modulación de la muestra se puede considerar que varia $Cos(2\omega t)$, la radiación reflejada por la muestra puede escribirse como una superposición de funciones $Sen(\delta)$ y $Cos(\delta)$ que se muestra en la figura 15b y 15c, respectivamente.

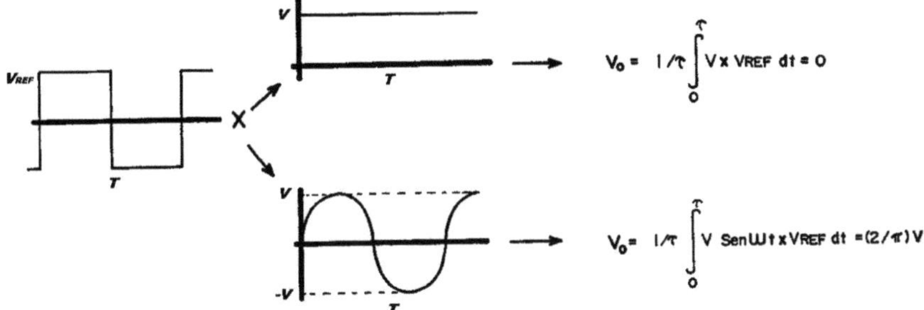

Figura 14.- Voltaje (V_0) a la salida del ASF, para una señal constante en el tiempo y para una señal senoidal.

Nótese que el primer armónico de la función $Cos(\delta)$ tiene el doble de frecuencia que el primer armónico de la función $Sen(\delta)$ (para el MAO operando a una frecuencia de 50KHz, las componentes de $Cos(\delta)$ y $Sen(\delta)$ tienen frecuencias de 100Khz y 50Khz, respectivamente). Por otro lado, la componente de la señal de interés es la proporcional a $Cos(\delta)$; es decir, la detección sincrónica por medio del Amplificador Sensible a la Fase (ASF), tiene se hace a la frecuencia del primer armónico ($\omega-\omega_0$), este resultado es importante en el modelaje de los parámetros de radiometría.

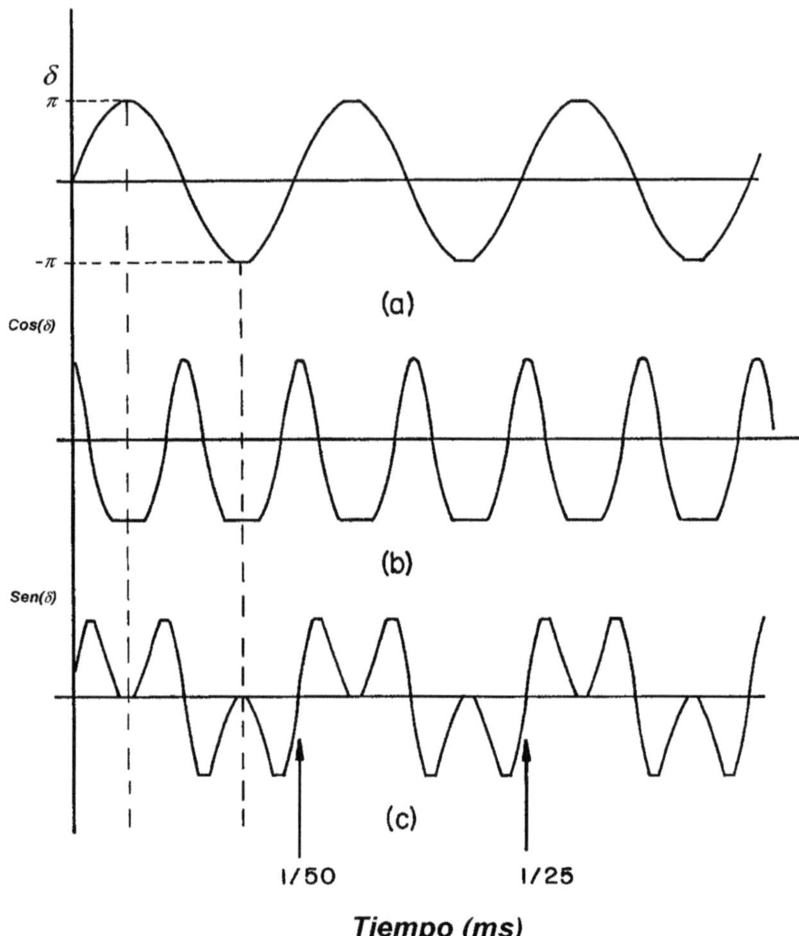

Figura 15.- Superposición de funciones (a) $\delta=\pi\text{Sen}\omega t$, (b) Sen($\delta$) y por último (c) Cos($\delta$).

V. XIII. - Descripción del sistema óptico

Del conocimiento indirecto de la posición de un haz luminoso, así como de los cambios que haga éste de manera temporal y/ó espacial, es posible construir sistemas de detección u corrección utilizando, por ejemplo, un láser comercial; v. gr. radios de curvatura, rugosidad superficial, ángulos internos y otros parámetros de la superficie bajo prueba. Una de las aplicaciones más interesante y que es de importancia central en este trabajo, es la de adquirir las propiedades de un semiconductor mediante desplazamientos espaciales con referencia al cambio de temperatura modulada producida por un láser.[14].

V. XIV.- Características del sistema de accionamiento

Respecto al posicionamiento lineal se tienen las siguientes características.

- tiene una resolución de desplazamiento lineal de 0.36 mm por vuelta del micrómetro y de desplazamiento angular de 0.9.

- respecto a la repetibilidad de posición, esta limitada a una sola vez, el software puede controlar el proceso un número de veces igual al número de traslaciones n_ω de la muestra. Pero la limitación del proceso recae en el sobre calentamiento de los motores de pasos y sus consecuencias, por lo que necesita un ventilador para su enfriamiento

- y en lo que respecta a la exactitud, la repetibilidad puede variar en un margen de error de ± 0.9 μm/ paso.

- En el caso de la PC que se utilizo, el tiempo mínimo de procesamiento entre lectura y lectura es de entre 5 y 6 centésimas de segundo, lo que da para la matriz anterior un tiempo mínimo total de barrido XY igual a 100 x 100 (6 cseg) = 6 x 10^4 cseg = 600 seg.

En lo que respecta al muestreo de las lecturas del *lock-in*, las características son las siguientes

- la resolución de lectura (lock-in) es de 20 μV/bit

- la repetibilidad de lectura esta determinada por el software, ya que el número de lecturas depende del número de lecturas de la señal del detector

- su exactitud esta determinada por el margen de error de su mínima lectura, la cual es de $\pm$20 μV/lectura

En lo que respecta al láser, se debe tener cuidado en dejar estabilizar su potencia antes de realizar las medidas experimentales.

V. XV.-Imágenes termoelectrónicas

Para la obtención de una imagen térmica o termoelectrónica, es necesario hacer un barrido en frecuencia en diferentes posiciones de la muestra, con el objeto de determinar en que rango de frecuencia se tiene la mayor variación en la señal (sensibilidad). La Fig.16 muestra la amplitud (a) y la fase (b), una imagen radiométrica termoelectrónica tomada en un área de 2 mm x 2mm localizada en la parte central de oblea de InSb utilizada como substrato para el crecimiento epitaxial de CdTe. Como es bien sabido, el éxito de un crecimiento epitaxial depende fuertemente del estado (electrónico y estructural) del substrato. La imagen radiométrica   fue obtenida a una frecuencia de 5 Khz., lo que constituye como ya hemos dicho, una imagen termoelectrónica del sistema. De acuerdo a esta imagen, podemos encontrar regiones dentro de esta oblea con diferencias de señal de aproximadamente el 300 %, esta diferencia de señal es atribuida esencialmente a la existencia de diferentes densidades electrónicas de portadores, en otras palabras, la oblea utilizada de acuerdo al análisis radiométrico no presenta una buena uniformidad electrónica. La utilización de radiometría fototérmica infrarroja, puede entonces dar una excelente información tanto in-situ como ex-situ del estado del sustrato, su aplicación puede contribuir al mejoramiento de crecimientos, al poder cuantificar el estado electrónico en el caso de obtención de imágenes a altas frecuencias o el estado de la red al ser tomada la imagen a bajas frecuencias. Los cambios en la señal fototérmica a bajas frecuencias, están gobernados por cambios en el coeficiente de difusión de portadores que de acuerdo a un ajuste multiparamétrico[1] está dado en cm^2/seg. El anterior resultado está de acuerdo con las predicciones de la teoría, pues el coeficiente de difusión de portadores es un parámetro de bulto. El mismo criterio es usado para la construcción de una imagen termoelectrónica, donde los cambios tanto en amplitud como en fase están dados a altas frecuencias. A continuación se presentan algunas aplicaciones de imágenes radiotérmicas para el análisis de dispositivos semiconductores enfocadas en la obtención de imágenes radiométricas termoelectrónicas, pues comercialmente es conocido el uso y aplicación de imágenes térmicas.

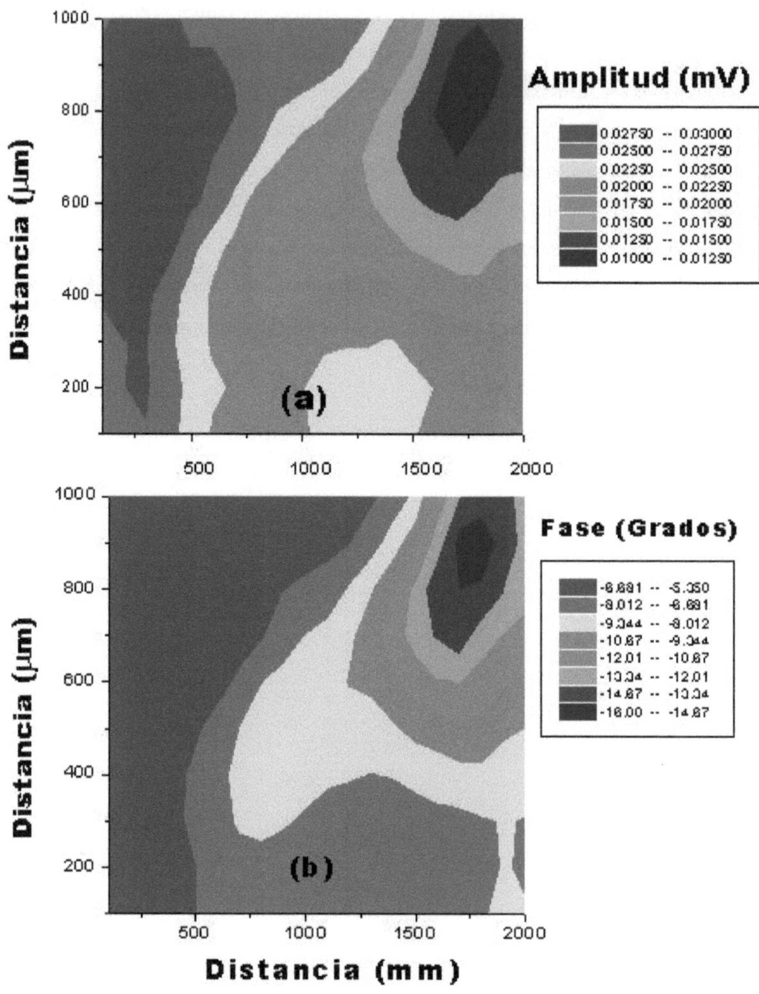

Fig.16. Amplitud (a) y fase (b) de una imagen termoelectrónica tomada a 5 KHz, de un sustrato de InSb.

V. XVI.- Modelamiento teórico de radiometría

Las propiedades de transporte electrónico en semiconductores son parámetros físicos de interés, la difusividad de portadores, el tiempo de vida de los portadores minoritarios y las velocidades de recombinación superficial han tomado gran interés para la realización en la integración de semiconductores a gran escala (LSI)[1-5]. La evaluación de esos parámetros es esencial en la caracterización de obleas semiconductoras y para la fabricación modelada de los circuitos integrados sobre Silicio. Las técnicas de detección fototérmicas se han desarrollado para monitorear, tanto las propiedades cinéticas, como de transporte de los portadores fotogenerados en semiconductores. Los estudios fototérmicos se basan sobre el hecho de absorción por semiconductores de una radiación visible modulada de energía mayor a la banda prohibida, resultado en las variaciones de temperatura y perfiles de la densidad del plasma. De las técnicas fototermicas;[1] la Radiometría Fototérmica Infrarroja (PTR) ha tenido un rápido desarrollo para la caracterización de semiconductores, debido a sus características de no contacto y su potencial ventaja en caracterización, tanto de las propiedades térmicas como electrónicas en semiconductores.

V. XVII.- Fundamentos físicos de radiometría

Cuando a un cuerpo absorbente se le hace incidir una radiación monocromática o policromática modulada, se produce un cambio también modulado de la temperatura de su superficie, como resultado del proceso de absorción de radiación y la conversión no radiactiva de energía. Esta energía emitida por el cuerpo, puede ser observada a través de la emisión de radiación de cuerpo negro de la superficie y del bulto (radiación de Planck). Midiendo las variaciones de emisión de cuerpo negro es posible obtener información sobre el espectro de absorción, propiedades físicas (térmicas y electrónicas) entre otras. Las bases físicas de la detección mediante esta técnica es la ley de radiación de cuerpo negro, la cual describe la emisión radiada total, W, sobre un infinito ancho de banda, de un cuerpo en equilibrio térmico a una temperatura T,

$$W = \varepsilon \sigma T^4 \ [W/cm^2] \tag{33}$$

donde σ es la constante de Stefan-Boltzmann (5.67 $\times 10^{12}$ W/cm^2K^4) y ε es la emisividad del cuerpo. Si el proceso fototérmico induce cambios de temperatura en la superficie del material, $\Delta T(w)$ y este cambio es muy pequeño comparado con la temperatura de equilibrio, el cambio en la emisión puede ser escrito como:

$$\Delta W = 4 \ \varepsilon \sigma T^4 \ \Delta T(w) \tag{34}$$

En recientes años, el extensivo desarrollo tanto en la teoría como en la metodología de las técnicas radiométricas ha permitido de manera no destructiva la evolución de metodologías para la investigación de materiales sólidos[5] y materiales biológicos.[6,7] Las primeras aplicaciones en materiales electrónicos fueron reportadas por Nakamura et. al.[8], donde se detectaron micro fracturas en GaAs con la utilización de un microscopio radiométrico. Nakamura y su grupo, midieron la señal como una función de la energía de excitación a bajas frecuencias de modulación (330 Hz), con lo que obtuvieron el primer espectro radiométrico. El mismo grupo, también construyó la primera imagen mediante una distribución espacial de señal a temperatura ambiente y con una longitud de onda de 895 nm,[9] pero en dicha imagen no se definió cual de las componentes estaba gobernando la señal, debido a la inexistencia de una teoría que condujese a la determinación de funciones de peso. Posterior a la comparación de sus imágenes con el perfil de densidad de dislocaciones, concluyeron que la señal radiométrica estaba generada por recombinaciones no radiactivas y que era sensible incluso a densidades bajas de dislocaciones. Los barridos en frecuencias, fueron subsecuentemente utilizados para el análisis electrónico de materiales, como una alternativa a las técnicas puramente térmicas que habían sido usadas por algún tiempo para el análisis de homogeneidad de portadores[10] y parámetros termoelectrónicos en substratos implantados, incluyendo daño de la superficie[11]. Hasta este momento, la emisión de cuerpo negro estaba asociada básicamente a los estados desexcitados fonónicos, es decir, solo a la contribución térmica de la red. Una de las contribuciones más importantes al entendimiento de los fenómenos fototérmicos fue la aportada por Ulmer y Frank[12], los cuales demostraron que los portadores óptimamente generados incrementan la emisión de infrarrojo (Cuerpo negro) de la superficie de un cuerpo. De acuerdo a los trabajos antes citados, queda establecido que la señal radiotérmica está formada por dos contribuciones:

térmica, debido a las desexcitaciones de la red y la componente de plasma debida a las contribuciones de las desexcitaciones no radiactivas de los portadores fotogenerados. De esta manera podemos escribir la señal radiométrica total como[1,13]:

$$S_{RFI} = Cte.1 \ *Térmica + Cte.2 \ * Plasma \qquad (35)$$

La principal ventaja de Radiometría Fototérmica Infrarroja, para la determinación de parámetros térmicos y electrónicos, sobre otras técnicas convencionales, es que RFI no está limitada por la opacidad de la muestra. La ventaja sobre técnicas ópticas moduladas radica en la habilidad de medir parámetros de transporte directamente relacionados con la calidad electrónica de la muestra, tales como tiempo de vida, coeficiente de difusión de portadores y el estado de las superficies ya sea frontal o trasera a través de las velocidades de recombinación.

CAPITULO VI.- RESULTADOS

VI. I.-Modelo teórico para radiometría fototérmica

El haz del láser se asume de tamaño finito con un perfil gaussiano e^{-2r^2/d^2}, siendo modulado con una frecuencia angular ω ($2\pi f$) y enfocado lateralmente sobre una superficie conductora semiconductora semi-infinita.[1,4] El radio de la oblea semiconductora r se asume que es suficientemente grande comparada con el radio del haz láser (d) y la apertura del detector. La dirección del haz es normal al plano de la superficie. Ninguna variación azimutal de la señal PTR se considera ejemplar. El semiconductor se considera que es térmicamente y electrónicamente isotrópico. El radio del área iluminada se podría cambiar usando lentes de alta calidad. La radiación infrarroja (IR) emitida se monitorea por un detector de respuesta rápida enfocado sobre el área excitada. El tamaño de la apertura del detector es finito tomándose en cuenta para los cálculos. El modelo lineal presente se valida sobre condiciones de baja inyección de portadores del experimento es la potencia del haz láser es suficientemente baja para asegurar la respuesta final de la señal PTR como una función de la intensidad láser.

VI. II.-Las componentes de onda del plasma

En el desarrollo teórico de la generación de la señal PTR, el mecanismo de operación involucra una componente de la onda de plasma de los portadores fotoexcitados (densidad de portadores inyectados en exceso) y una componente térmica (elevamiento de la temperatura). en el caso tridimensional la difusión de portadores y conducción de calor a lo largo de la dirección radial y axial en la muestra se toman en cuenta usando coordenadas cilíndricas. Un par de ecuaciones de difusión de acoplamiento de plasma y calor se escriben y resuelven en el espacio de Hankel (transformadas de Fourier con simetría radial) para la componente de plasma de la señal PTR total como la densidad de portadores inyectados se calcula mediante la ecuación de transporte de portadores. El análisis de PTR desde el punto de vista optoelectrónico, tiene su fundamento en las ecuaciones de Maxwell (MKS), aplicando como primer paso la Ley de Ampere.

$$\nabla \times \vec{H} = \vec{J}_C + \frac{\partial \vec{D}}{\partial.t} \tag{36}$$

donde $\vec{H}$ es el campo magnético (A/m), $\vec{D}$ es el desplazamiento de la densidad de flujo eléctrico (C/cm^2) y $\vec{J}_C$ la densidad de corriente de conducción (A/m), donde, $\vec{J}_C$ está definida como:

$$\vec{J}_C = \vec{J}_P + \vec{J}_n \tag{37}$$

donde $\vec{J}_P$ y $\vec{J}_n$ son las densidades de corriente para huecos y electrones, respectivamente, ahora, aplicando la divergencia a la ecuación (36) y sustituyendo la tenemos ecuación (37) tenemos:

$$\nabla \bullet \left(\vec{J}_P + \vec{J}_n \right) + \frac{\partial.\left(\nabla \bullet \vec{D} \right)}{\partial.t} = 0 \tag{38}$$

Puesto que de la ley de Gauss se tiene que $\nabla \bullet \vec{D} = \rho$, donde la densidad de carga ρ (C/m^2) esta dada como:

$$\rho = q\left(p - n + C_0\right) \tag{39}$$

donde $C_0 = N_D^{\,+} - N_A^{\,-}$ y es una cantidad constante, además, se tiene que **p** es la concentración de huecos, n es la concentración de portadores de carga, $\mathbf{N_D}^+$ es la concentración de donadores ionizados, $\mathbf{N_A}^-$ es la concentración de donadores ionizados, y **q** es la magnitud de la unidad de carga ($1.6 \times 10^{-19}C$), por lo tanto de la ecuación (38) queda de la forma:

$$\nabla \bullet \left(\vec{J}_p + \vec{J}_n\right) + q\frac{\partial.(p-n)}{\partial.t} = 0 \tag{40}$$

Entonces podemos separar la ecuación anterior en dos partes, una ecuación de difusión para portadores y otra para huecos, lo cual queda de la siguiente forma:

$$\nabla \bullet \vec{J}_n - q\frac{\partial.n}{\partial.t} = +qR \tag{41A}$$

$$\nabla \bullet \vec{J}_p + q\frac{\partial.p}{\partial.t} = -qR \tag{41B}$$

donde R es él por ciento de la recombinación ($cm^{-3}Seg^{-1}$) de pares electrón-hueco, este se puede escribir en términos de un por ciento de generación (G_p y G_n) y un por ciento de recombinación (R_p y R_n) explícitamente, se tiene que $R = R_n - G_n$ para electrones y $R = R_p - G_p$ para huecos. Entonces, las ecs. de continuidad para los portadores es:

$$\frac{\partial.n}{\partial.t} = G_n - R_n + \frac{1}{q}\nabla \cdot \vec{J}_n \tag{42}$$

$$\frac{\partial.p}{\partial.t} = G_p - R_p - \frac{1}{q}\nabla \cdot \vec{J}_p \tag{43}$$

Donde la ecuación de continuidad para el movimiento de portadores tipo n es:

$$\frac{\partial.p_n}{\partial.t} = G(x,t) - \frac{\delta P_n}{\tau_p} - \frac{1}{q}\frac{\partial.J_p(x)}{\partial.x} \tag{44}$$

donde $P_n = P_{n_0} + \delta P_n$ que es la concentración total de huecos en la región n, P_{n_0} es la concentración de huecos en ausencia de cualquier inyección eléctrica y δP_n es el exceso de concentración de huecos debido a la inyección externa. La densidad de corriente mayoritaria es dominada por la componente de difusión, quedando definida como:

$$J_n(x) = qD_n \frac{\partial P_{np}(x)}{\partial x} \tag{45}$$

Debido a que P_{n_0} es independiente de la posición (x) y el tiempo (t), se puede tener un estado constante, solo si $G(x,t) = G_0$, siendo su dependencia la ecuación de difusión cuando se tiene portadores fotogenerados en la región es la ecuación de difusión:

$$\frac{\partial n(\vec{r},t)}{\partial t} - \frac{1}{q}\vec{\nabla} \circ \vec{J}_n = G_n - \frac{\eta - \eta_O}{\tau_n} \tag{46}$$

Por lo tanto, la corriente de difusión queda definida como:

$$\vec{J}_n = qD_n\vec{\nabla}_n \tag{47}$$

Por lo que la ecuación de difusión al desarrollarse es:

$$\frac{\partial n(\vec{r},t)}{\partial t} - D_n\vec{\nabla}^2_n + \frac{\eta - \eta_O}{\tau_n} = G_n \tag{48}$$

Considerando que el exceso de portadores es:

$$n(\vec{r},t) - n_O = \Delta N(\vec{r},t) \tag{49}$$

Sustituyendo la ec. (49) en la ec. (48), la ecuación de difusión en el dominio temporal nos queda:

$$D_n\nabla^2\left[\Delta N(\vec{r},t)\right] - \frac{\partial}{\partial t}\Delta N(\vec{r},t) - \frac{\Delta N(\vec{r},t)}{\tau_n} = -G_n \tag{50}$$

En la superficie del semiconductor el termino constante es cero, la parte modulada (ω-

$\omega_0=0$) contribuye a la información, como se muestra enseguida:

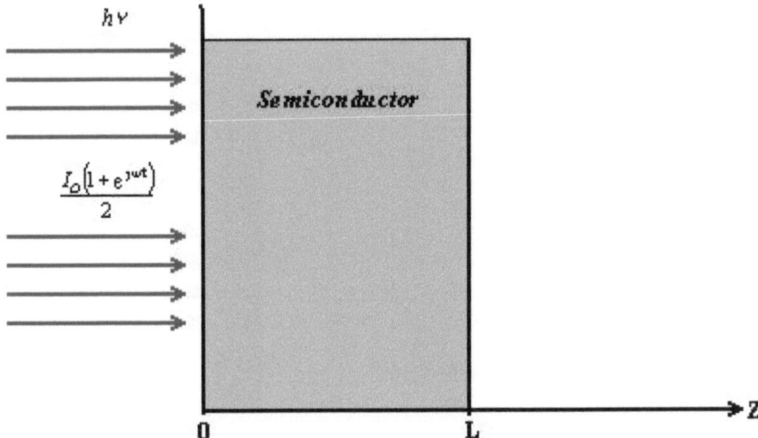

Figura 17.- Incidencia de luz modulada sobre el semiconductor

El perfil gaussiano de un láser en manera temporal es:

$$H_p(t) = \frac{1}{\sigma\sqrt{2\pi}}\,e^{-\frac{t^2}{2\sigma^2}}$$
(51)

transformando la ec. (51) a su manera espacial por unida de área se tiene:

$$\left|H_p(r)\right|^2 = A = \frac{1}{\pi\cdot d^2}\,e^{-\frac{2\cdot r^2}{d^2}}$$
(52)

El número de fotones de longitud de onda λ que se encuentra en la superficie frontal del dispositivo por unidad de área y por unidad de tiempo es $N_0(\lambda)$, y el flujo de fotones a cualquier profundidad x es:

$$N(x) = N_O e^{-\alpha \cdot (x)} \tag{53}$$

Considerando que $-(dN(x)/dx) \cdot dx$, la velocidad de generación de portadores en exceso g(x) esta dada por:

$$g(x) = \alpha N_O e^{-\alpha(x)} \tag{54}$$

por otra parte, se considera que :

$$N_O = \frac{\eta \cdot P_O \cdot A}{h \cdot v} . \tag{55}$$

Por lo que la generación de portadores quedaría:

$$G_n(\vec{r},t) = \frac{\alpha \cdot P_n}{h \cdot v \cdot \pi \cdot d^2} e^{-\frac{2r^2}{d^2} - \alpha \cdot z} \left(\frac{1 + e^{i \cdot \omega_{o} \cdot t}}{2} \right). \tag{56}$$

Las siguientes condiciones a la frontera para las velocidades de recombinación en la superficie delantera y trasera de la oblea son:

$$D_n \hat{n} \cdot \vec{\nabla}[\Delta N(\vec{r},z,t)]_{z=0} = S_1 |\Delta N(\vec{r},0,t). \tag{57}$$

$$D_n \hat{n} \cdot \vec{\nabla}[\Delta N(\vec{r},z,t)]_{z=L} = -S_2 |\Delta N(\vec{r},L,t) \tag{58}$$

Para pasar del espacio del tiempo al espacio en el dominio de la frecuencia se usa la transformada de Fourier, para aplicarla se tiene que:

$$N(\vec{r},\omega_{.O}) = \int_{-\infty}^{\infty} \Delta N(\vec{r},t) e^{i \omega_{.o} t} dt \tag{59}$$

Sustituyendo la ec. (59) en la ec. (50), la ecuación de difusión en el dominio de la frecuencia nos queda:

$$D_n \nabla^2 \left[N(\vec{r}, \omega_{.O}) \right] - \left[\frac{1}{\tau_{.n}} - i\omega_{.O} \right] N(\vec{r}, \omega_{.O}) = -G_n . \qquad (60)$$

de la ec. (51) tenemos el término $\left(1 + e^{i\omega_{.o}t}\right)$ al pasarlo al espacio en la frecuencia se obtiene:

$$g(t)\left[1 + e^{i\omega_{.o}t}\right] \xleftarrow{\ \ fourier\ \ } \int_{-\infty}^{\infty} g(t)\left[1 + e^{i\omega_{.o}t}\right] e^{-i\cdot\omega t} dt = G(\omega) + G(\omega - \omega_{.O}) \qquad (61)$$

entonces, por definición de delta de Dirac: $2\cdot\pi\cdot\delta(t) = \int_{-\infty}^{\infty} e^{-j\cdot\omega\cdot x} dx$, por lo tanto tenemos que: $1 \leftrightarrow 2\cdot\pi\cdot\delta(\omega)$ como se muestra en la siguiente figura:

Figura 18.- Transformada de Fourier de una señal constante en el tiempo

Entonces, considerando el haz modulado colectado es (ω-ω_O) tenemos:

$$G_n(\vec{r}, \omega) = \frac{\alpha \cdot P_n}{h \cdot v \cdot d^2} e^{-\frac{2r^2}{d^2} - \alpha \cdot z} \left[\delta(\omega) + \delta(\omega - \omega_{.O}) \right] . \qquad (62)$$

de la ec. (60) definimos $\sigma_{.n}^2 = \dfrac{1 + i\cdot\omega\cdot\tau_{.n}}{D_n \tau_{.n}}$, que es el coeficiente de difusión complejo de portadores electrónicos minoritarios, τ_n tiempo de vida de los portadores, α es el coeficiente de absorción óptico, S_1 y S_2 son las velocidades de recombinación de la superficie delantera y trasera respectivamente, P y hv es la potencia y la energía del fotón del haz del láser incidente, η es la eficiencia de conversión de energía óptica a electrónica, por otra parte, modulando a ω=ω₀ tenemos:

$$\nabla^2\left[N\left(\vec{r},\omega\right)\right]-\sigma_{.n}^2 N\left(\vec{r},\omega\right)=-\frac{G_n}{D_n} \tag{63}$$

La simetría del problema es de forma cilíndrica como se muestra en la siguiente figura:

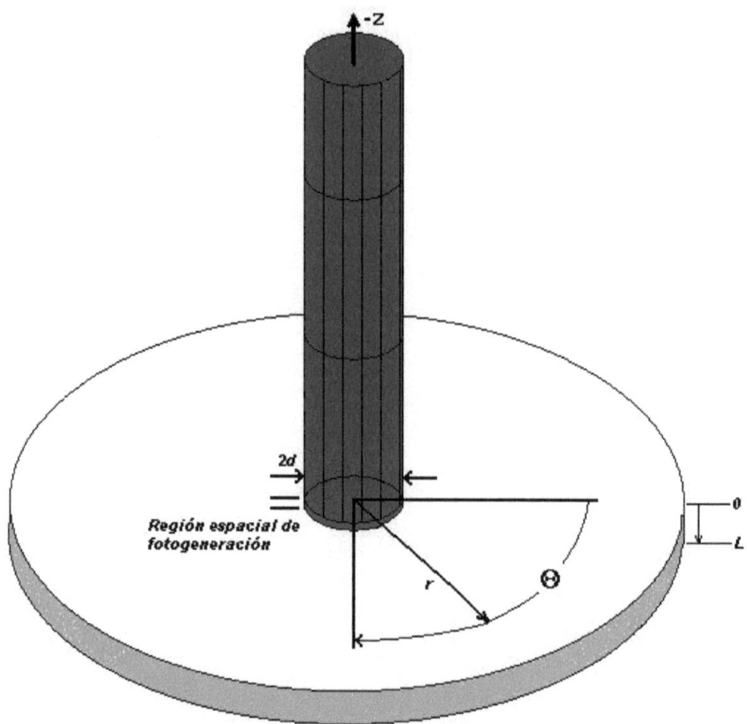

Figura 19.- Geometría espacial para el tratamiento del lasér en PTR.

Las nuevas condiciones de frontera son para las velocidades de recombinación son:

$$D_n \frac{\partial}{\partial z} N(\vec{r},\Theta,z.;\omega)\Big|_{z=0} = S_1 \cdot N(\vec{r},\Theta,0.;\omega). \tag{64}$$

$$D_n \frac{\partial}{\partial z} N(\vec{r},\Theta,z.;\omega)\Big|_{z=L} = -S_2 \cdot N(\vec{r},\Theta,L;\omega). \tag{65}$$

Asumiendo para el problema una isotropía azimutal (N independiente de Θ) y definiendo la transformada de Hankel, obtenemos:

$$\widetilde{N}(\lambda,z.;\omega) = \int_0^\infty N(r,z.;\omega)J_0(\lambda r)r\,dr \ . \tag{66}$$

La ec. (66) tiene su respectivo espacio inverso que es:

$$N(\lambda,z.;\omega) = \int_0^\infty \widetilde{N}(r,z.;\omega)J_0(\lambda r)r\,dr$$

Entonces, de la ec.(63), aplicando la ecuación de Laplace en coordenadas cilíndricas tenemos:

$$\frac{\partial^2 N(r,z,\omega)}{\partial r^2} + \frac{1}{r}\frac{\partial N(r,z,\omega)}{\partial r} + \frac{\partial^2 N(r,z,\omega)}{\partial z^2} - \sigma_n^2 N(r,z,\omega) = -\frac{G_n(r,z,\omega)}{D_n} \tag{67}$$

Ahora, se calculan los primeros términos de la ec. (67), que son:

$$\frac{\partial^2 N(r,z,\omega)}{\partial r^2} + \frac{1}{r}\frac{\partial N(r,z,\omega)}{\partial r} = -\lambda^2 \widetilde{N}(\lambda,z.;\omega) \tag{68}$$

La ecuación de difusión en el espacio de Hankel nos queda:

$$-\lambda^2 \widetilde{N}(\lambda,z,\omega + \frac{\partial^2 \widetilde{N}(\lambda,z,\omega)}{\partial z^2} - \sigma_n^2 \widetilde{N}(\lambda,z,\omega) = -\frac{\widetilde{G}_n(\lambda,z,\omega)}{D_n} \tag{69}$$

Donde $\widetilde{G}_n$ es:

$$\widetilde{G}(\lambda, z.; \omega) = \int_0^\infty G(r, z.; \omega) J_0(\lambda r) r dr = \frac{\alpha P_n}{4h\nu} e^{-\frac{d^2\lambda^2}{8} - \alpha \cdot z} \delta \cdot (\omega - \omega_{.o}) \qquad (70)$$

Donde tenemos que la integral compleja es:

$$\int_0^\infty e^{-a^2 x^2} J_0(bx) x \, dx = \frac{1}{2a^2} e^{-\frac{b^2}{4a^2}}$$

Las nuevas condiciones de frontera para esta geometría son:

$$\frac{\partial}{\partial z} \widetilde{N}(\lambda, z.; \omega)\bigg|_{z=0} = \frac{S_1}{D_n} N(\lambda, 0.; \omega). \qquad (71)$$

$$\frac{\partial}{\partial z} \widetilde{N}(\lambda, z.; \omega)\bigg|_{z=L} = \frac{-S_2}{D_n} \widetilde{N}(\lambda, L; \omega). \qquad (72)$$

Por lo que de la ec. (69) y (70) tenemos:

$$\frac{\partial^2 \widetilde{N}(\lambda, z, \omega)}{\partial z^2} - (\sigma_n^2 + \lambda^2)\widetilde{N}(\lambda, z, \omega) = -\frac{\widetilde{G}_n(\lambda, z, \omega)}{D_n} = \frac{\partial^2 \widetilde{N}(\lambda, z, \omega)}{\partial z^2} - b_n^2 \widetilde{N}(\lambda, z, \omega)$$

$$(73)$$

Donde $b_n^2 = \sigma_n^2 + \lambda^2$, la solución sujeta a las ecuaciones (70) y (71) es la ec. (73), es:

$$\widetilde{N}(z, \lambda; \omega) = \frac{\alpha P_n e^{-\frac{\lambda^2 d^2}{8}}}{h\nu D_n (\alpha^2 - b_n^2)} \left\{ A_1 A_2 \left[\frac{b_1 - b_2 e^{-(\alpha + b_n)L}}{A_2 - A_1 e^{-2b_n L}} \right] e^{-b_n^2} + \left[\frac{b_1 A_1 - b_2 A_2 e^{-(\alpha + b_n)L}}{A_2 - A_1 e^{-2b_n L}} \right] e^{-b_n^2(2L-z)} - e^{-\alpha z} \right\}$$

La ecuación anterior tiene los siguientes parámetros:

$$A_1 = \frac{D_n b_n - S_1}{D_n b_n + S_1} \; ; \; A_2 = \frac{D_n b_n + S_2}{D_n b_n - S_2} \; ; \; b_1 = \frac{D_n \alpha + S_1}{D_n b_n - S_1} \; ; \; b_2 = \frac{D_n \alpha + S_2}{D_n b_n - S_2}. \qquad (74)$$

La señal sobre la muestra es interceptada y colectada por un detector infrarrojo tenemos:

$$S_{PTR} = \frac{C_N'}{d^2} \int_0^\infty e^{-\frac{2r^2}{d^2}} r \, dr \int_0^L N(r, z; \omega) dz. \qquad (75)$$

donde C_N es una constante de proporcionalidad, ahora consideramos un detector con radio aceptor A, entonces:

$$S_{PTR} = \frac{C'_N}{\pi A^2} \int_0^A r\,dr \int_0^L N(r,z;\omega)\,dz \tag{76}$$

Nuevamente, definiendo $\tilde{F}(\lambda;\omega) = \int_0^L \tilde{N}(z,\lambda;\omega)\,dz$ se obtiene la siguiente ecuación:

$$\tilde{N}(z,\lambda;\omega) = \frac{\alpha P_n e^{-\frac{\lambda^2 d^2}{8}}}{h v D_n (\alpha^2 - b_n^2)} \left\{ \frac{1 - e^{-b_n L}}{b_n (A_2 - A_1 e^{-2b_n L})} \left[\begin{array}{l} A_1 A_2 \left(b_1 - b_2 e^{-(\alpha + b_n)L} \right) \\ + \left(b_1 A_1 - b_2 A_2 e^{-(\alpha + b_n)L} \right) e^{-b_n^2 L} \end{array} \right] - \frac{1}{\alpha} \left(1 - e^{-\alpha L} \right) \right\} \tag{77}$$

El resultado en el espacio de Hankel para una absorción en el Si, se considera la aproximación $e^{-\alpha L} \approx 0$ y $\alpha >> |b_n|$, entonces la ec. (77) se reduce a:

$$\tilde{F}(\lambda,\omega) = \int_0^W \tilde{N}(z,\lambda;\omega)\,dz = \frac{P_n e^{-\lambda^2 d^2/8}}{h v (D_n b_n + S_1) b_n} \left\{ \frac{A_2 + e^{-b_n L}}{\left(A_2 - A_1 e^{-2b_n L} \right)} \right\} \tag{78}$$

La ec. (78) La componente de la onda de plasma PTR se obtiene de la transformada de Hankel de $\tilde{N}(\lambda, z; \omega)$, integrado sobre el espesor de la oblea que toma en cuenta la emisión de la radiación de Plank para los portadores fotogenerados y los portadores difundidos, de acuerdo a las leyes de Kirchhoff del balance detallado. Tomando en cuenta la definición $S_{PTR} = \frac{C'_N}{\pi A^2} \int_0^\infty e^{-\frac{2r^2}{d^2}} f(r;\omega)\,r\,dr$ donde $f(r;\omega) = \int_0^\infty \tilde{F}(\lambda;\omega) J_0(\lambda r)\,r\,dr$ que es la transformada inversa de Hankel y considerando la eficiencia de colección del detector IR integrando la expresión resultante sobre la apertura finita de área activa A del detector, asumiendo un lunar de radio r = A, obtenemos la ec. (79):

$$\tilde{S}_{PTR} = \frac{C'_N}{\pi A^2} \int_0^A f(r;\omega)\,r\,dr = \frac{C'_N}{\pi A^2} \int_0^A r\,dr \int_0^\infty \tilde{F}(\lambda;\omega) J_0(\lambda r)\lambda\,d\lambda = \frac{C'_N}{\pi A^2} \int_0^\infty \tilde{F}(\lambda;\omega)\lambda\,d\lambda \int_0^A J_0(\lambda r)\,r\,dr \tag{79}$$

Finalmente usando que $\frac{1}{\lambda^2} \int_0^{\lambda A} J_0(x)\,dx = \frac{1}{\lambda^2}[\lambda A J_1(\lambda A)]$, y obtenemos al invertir la transformada de Hankel que:

$$S_{PTR,plasma}(\omega) = \frac{C'_N}{\pi A^2} \int_0^\infty \tilde{F}(\lambda;\omega) J_1(\lambda A)\lambda d\lambda \ . \tag{80}$$

Con

$$F(\lambda,\omega) = \int_0^W N(z,\lambda;\omega)dz = \frac{\left(1 - e^{-b_n W}\right) e^{-\lambda^2 d^2/8}}{\pi \cdot h\nu\left(D_n b_n + S_1\right)b_n} \left\{ \frac{A_2 + e^{-b_n W}}{\left(A_2 - A_1 e^{-2b_n W}\right)} \right\} \tag{81}$$

donde J_1 es la función de Bessel de primer orden y clase uno.

V. III.- La componente de onda térmica

La componente de onda térmica es calculada de igual forma que la componente de plasma. Así la ecuación de transporte se expresa como:

$$\nabla^2 \Delta T(r,\omega) - \sigma_t^2 \Delta T(r,\omega) + \frac{E_g}{k\tau}\Delta N(r,\omega) = -\frac{\alpha p\eta(h\nu - E_g)}{h\nu k\pi d^2}\exp\left(-\frac{2r^2}{d^2} - \alpha z\right) \tag{82}$$

donde k es la conductividad térmica con $\sigma_t^2 = i\omega/D_t$ de donde D_t es la difusividad térmica. El calor debido a la recombinación de los portadores en los bordes y la recombinación de portadores banda a banda o banda a defecto se incluyen en las ecuaciones anteriores. Apareciendo en el cuarto y tercer termino de la ecuación (48) respectivamente. Finalmente las fuentes de calor se consideran a través de las condiciones de frontera.

$$K\frac{\partial}{\partial z}\Delta T(\vec{r},z,\omega)\Big|_{z=0} = -S_1 \cdot E_g \Delta N(\vec{r},0,\omega)\ . \tag{83}$$

$$K\frac{\partial}{\partial z}\Delta T(\vec{r},z,\omega)\Big|_{z=W} = S_2 \cdot E_g \Delta N(\vec{r},W,\omega)\ . \tag{84}$$

La componente térmica de la señal PTR se obtienen de la transformada de Hankel, obteniéndose el siguiente resultado:

$$S_{PTR\cdot,termal}(\omega) = \frac{C'_T}{\pi A^2} \int_0^\infty \tilde{G}(\lambda;\omega) J_1(\lambda A)\lambda d\lambda \tag{85}$$

donde $\widetilde{S}_{PTR\cdot termal} = \dfrac{C_T'}{\pi A^2} \displaystyle\int_0^a \widetilde{G}(\lambda;\omega)J_0(\lambda r)r\,dr = \dfrac{C_T'}{\pi A^2 \lambda}\widetilde{G}(\lambda;\omega)J_1(\lambda A)$ con

$$G(\lambda,\omega) = \int_0^W T(z,\lambda;\omega)dz \tag{86}$$

después de simplificarla algebraicamente se obtiene:

$$G(\lambda,\omega) = B_1\left(\frac{1-e^{-b_t W}}{b_t}\right) + B_2\left(\frac{e^{b_t W}-1}{b_t}\right) + B_3\left(\frac{1-e^{-b_n W}}{b_t}\right) + B_4\left(\frac{1-e^{-b_n W}}{b_t}\right)e^{-b_n W} \tag{87}$$

los parámetros definidos en la ecuación anterior son:

$$B_1 = \left(\frac{h_1 - h_2 e^{-b_t W}}{1-e^{-2b_t W}}\right),\ B_2 = \left(\frac{h_1 e^{b_t W}-h_2}{1-e^{-2b_t W}}\right)e^{-b_t W},\ B_4 = B_3\left(\frac{1}{A_2}\right),\ b_t^2 = \lambda^2 + \sigma_t^2,$$

$$B_3 = \frac{E_g e^{-\lambda^2 d^2/8}}{\pi h\, v k \tau_n\left(b_n^2 - b_t^2\right)\left(D_n b_n - S_1\right)}\left\{\frac{A_2}{A_2 - A_1 e^{-2b_t W}}\right\},$$

$$h_1 = -\frac{S_1 \tau_n}{b_t}\left(b_n^2 - b_t^2\right)\left(B_3 + B_4 e^{-2b_n W}\right) - \frac{b_n}{b_t}\left(B_3 - B_4 e^{-2b_n W}\right),$$

$$h_2 = -\frac{S_2 \tau_n}{b_t}\left[\left(b_n^2 - b_t^2\right)\left(B_3 + B_4\right)\right] - b_n\left(B_3 - B_4\right)e^{-2b_n W}$$

La señal PTR en tres dimensiones se obtiene a partir de tomar el peso correspondiente en la superposición de la ecuación (80) y ecuación (85), las cuales toman en cuenta: la onda de plasma de los portadores fotoexcitados (densidad de portadores inyectados en exceso) C_p y la componente de onda térmica (elevamiento de temperatura) C_t respectivamente.

$$S_{PTR}(\omega) = C_p S_{plasma}(\omega) + C_t S_{termica}(\omega) \tag{88}$$

Antes de llevar las mediciones de la señal PTR en forma experimental, es necesario entender la influencia de todos los parámetros en respuesta en frecuencia de acuerdo al modelo. Para conocer influencia de los portadores y los parámetros de transporte térmico, su procedimiento consiste en variar cada uno de los parámetros antes mencionados τ, $D_{n,p}$, S_1, S_2, C_t, C_n, manteniendo los otros constantes, y así uno por uno a la vez. Cada parámetro tienen una influencia diferente sobre la señal de PTR para el rango de frecuencia examinado de 10 Hz a 100 KHz.

CAPÍTULO VIII.- ANÁLISIS

VIII. I.- SIMULACIÓN

Los criterios de solución para el ajuste de los parámetros se deben dar muy cerca de los valores reportados en la literatura para el Silicio (Ver tabla 3). Estos valores son utilizados como semillas para el ajuste multiparamétrico.

Simulación de tiempo de vida de recombinación: El tiempo de vida de los portadores minoritarios de Silicio (τ) es el tiempo que estos tardan en recombinarse en la oblea. Sin embargo, es verdaderamente difícil identificar las impurezas particulares que controlan el tiempo de vida. La figura 20 muestra la simulación del tiempo de vida de recombinación y los efectos de cambio en τ (que oscila entre 10 μs a 5000μs) de la señal PTR para la amplitud (a) y la fase (b), asumiendo los siguientes parámetros: S_1=130cm/s (1.3 m/s), S_2=1.6 x 10^6 cm/s (1.6 x 10^4 m/s), α=96 cm^2/s (9.6 x10^{-5} m^2/s), Dn=5 cm^2/s (5 x 10^{-4} m^2/s), C_P=3x10^{-20} unidades arbitrarias (A.U.), y C_t=1a.u. Los valores escogidos de los parámetros (S_1,S_2,α,Dn) están dentro de los valores reportados en la literatura para el Silicio de tipo n y p. Además de utilizar los siguientes parámetros se toma en cuenta la longitud de onda del láser λ=514.5 nm, la frecuencia de muestreo del choper f= 10Hz –100KHz, el diámetro de expansión del láser d=40 μm, el espesor de la oblea L= 670 μm, la constante de energía hν = 3.864 x 10^{-19}, la constante térmica K=150 w/mk, y la banda de energía Eg=1.8 x 10^{-19}J.

(a)   Asumiendo: SR: Sin recubrimiento;   PAS: Espectroscopía Fotoacústica;   TW: Onda Térmica;   3D-PTR: Radiometría Fototérmica; 1D-PTR : Radiometría Fototérmica;   SPV: Fotovolatje Superficial PCD: Decaimiento de Fotoconductancia;   LMPC: Fotoconductancia Láser/microondas

Tipo	α (cm^2/s)	$D_{n,p}$ (cm^2/s)	S_1 (cm/s)	S_2 (cm/s)	τ (μs)	Estado de la superficie frontal	Estado de la superficie trasera	Técnica	Cocimiento	Ref.
P	0.80	30	100		10.5	Pulido		PTR 1-D	Térmico	16
P	0.80	30	750		1-10			TW-PTR	P implantación	16
P	0.85	18.3	331.6			Pulido	Rugoso	PAS		15
P	1.03	34.1	334.6	334.6		Rugoso	Rugoso	PAS		15
P		34.5^a	10^4			Pulido				8
P			0.25			Pulido			Químico	19, 20
P			20			Pulido			Térmico	20
P			$<10^4$			Pulido			Térmico	21
P			3600			Pulido			Térmico	21
P		35,5	70						Térmico	17
P		35.5	$2-3.10^3$			Cortado				17
P		35.5	20		10^3				Químico	17
P		33-36.4	$1-10^3$	$1-10^3$		Pulido	Pulido	PCD	Térmico	22
P		33-37	1	10^7		Pulido	Abrasivo	PCD	Térmico	22
P			10^7	10^7		Abrasivo	Abrasivo	PCD	Grabado Plasma	22
P		40^a	110			Pulido			Térmico	23,24
P			410	Infinito	17.7			PTR 1-D		1
P			410		17.7			PTR 3-D		1
P		33^a		10^5	330			SPV		25
N			10^2-10^5			Pulido			Térmico	18
N			$2.10^5-3.10^6$			(SR)	(SR)	PCD		18
N		10	320-830	$1.6.10^5$	320	(SR) / Pulido	Cortado	PTR		4
N		15.9^a				Pulido				8
N	0.96	10	328-830		110		Pulido	3D-PTR		14
N		12.5	$2-3.10^3$			Cortado				17
N		12.5	3	10^4				PCD	Químico	17
N		12.5	15						Térmico	17
N		12^a		10^5	500			SPV		25
N					40	Cortado		LMPC		27
N					10^3	Pulido	Pulido	LMPC	Térmico	27

Tabla 3.- Valores reportados para parámetros térmicos y electrónicos en obleas de Silicio.

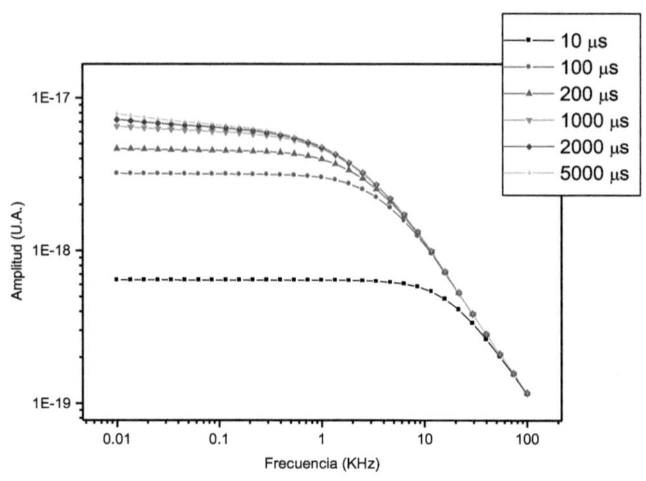

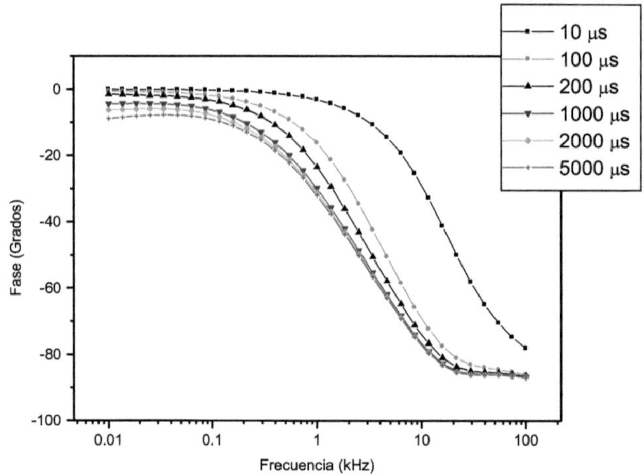

Figura 20.- Simulación para tiempos de vida diferentes, donde a) Amplitud de la Señal, b) Fase de la señal.

Para cada valor de τ tanto las curvas de amplitud como las de fase exhiben dos pendientes características a medida que se aumenta la frecuencia, donde para altas frecuencias la señal de amplitud tiende a ser la misma sin importar el tiempo de vida. Una característica importante a bajas frecuencias son las curvas de amplitud paralelas al eje de la frecuencia cuando se aumenta el tiempo de vida. Y, para alta frecuencia tienden a un nivel de saturación que no depende del valor de τ, se observa que al cambiar el tiempo de vida de recombinación, este determina las desviaciones de amplitud y fase, la posición de la frecuencia fc (dobles) se rige bajo la siguiente ecuación matemática   de una forma simple $2\pi f_C \tau \sim 1$ relacionándose así con las características del tiempo de vida τ, también se observa que los niveles de saturación de baja frecuencia de las curvas de amplitud se van manifestando cuando se incrementa el tiempo de vida para $\tau > 5ms$., finalmente, se observa que la sensibilidad de la señal PTR decrementa cuando el tiempo de vida incrementa.

VIII. II.-Simulación de coeficientes de plasma y térmicos

Para la simulación de estos parámetros se generaron dos grupos: muestras con tiempo de vida largo (LL, $\tau=1500\mu s$), y muestras con tiempo de vida corto (SL, $\tau=100\mu s$). Cada grupo consiste de distintos valores de los parámetros en los componentes de plasma y térmica. Simulaciones de la contribuciones térmica de la amplitud de la señal PTR se muestra en la figura 21, para amplitud (a) y para la fase   (b), con los siguientes parámetros: $S_1=130$ cm/seg, $S_2=1.6x10^6$ cm/seg, $\alpha=96$ cm^2/seg, $D_n=5$ cm^2/seg, $C_p=3x10^{-20}$ (a.u.). Se muestran en esta figura 21 las curvas tanto del tiempo de vida corto (SL) así como del tiempo de vida largo(LL) de la señal PTR. Si la señal de bajas frecuencias es denominada por el coeficiente térmico(CT) con los tiempos de vida largo se presentan características como pendiente levemente diferentes de cero y lo mismo en la fase. Así como también para tiempos de vida cortos figura 21. Los efectos de CT son enteramente contenidos para las regiones de baja frecuencia. El atraso en la fase es mayor para muestras con tiempos de vida largos, como se espera debido al lento mecanismo de conducción térmica para la superficie frontal. Una vez calentada esta superficie los portadores de difusión   se   siguen en la dirección del haz foto inyectado provocando las recombinaciones dentro del bulto de la oblea de silicio. Este efecto se atenúa mas en silicios con SL, porque muchos de los portadores libres se des excitan cerca de la superficie y tienen pequeños retrasos en la fase. La fase es muy próxima a cero para f<100 Hz, la conclusión de estas simulaciones es que, si los datos experimentales muestran las características de pendiente cero a bajas frecuencias (amplitud y fase), la señal es dominada completamente por las componentes de plasma, a pesar del valor usado para el tiempo de vida. Inversamente, si se encuentra la presencia de pendientes que no sean cero en bajas frecuencias es un indicador de una respuesta térmica fuerte y puede ser usado para determinar la difusividad térmica de bulto del material electrónico.

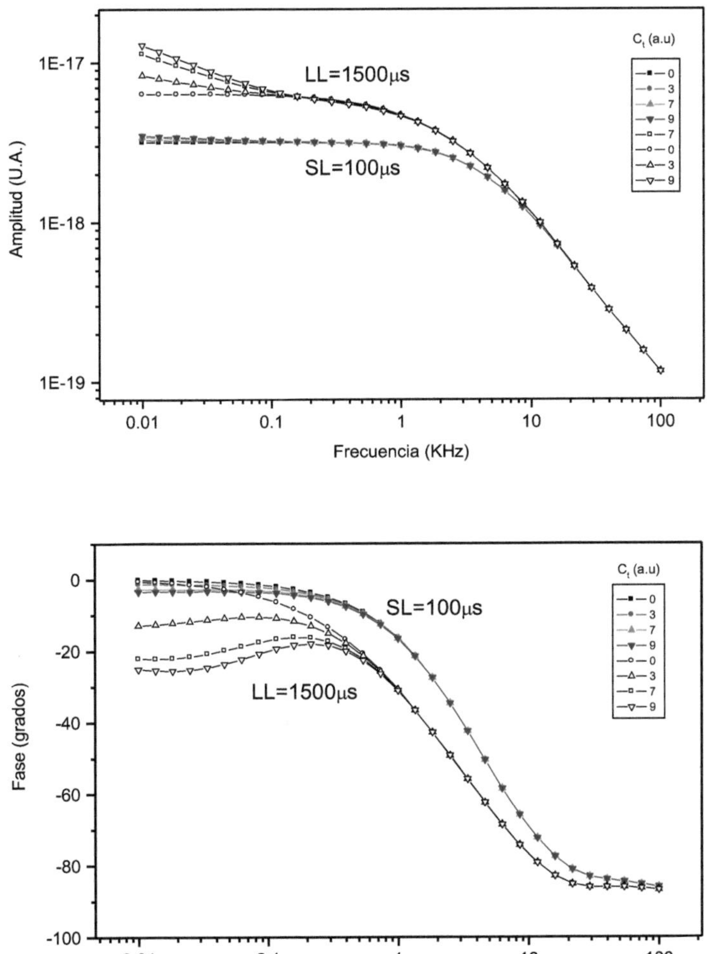

Figura 21.- Se muestra la amplitud y fase con tiempo de vida largo LL (τ=1500μs) y tiempo de vida corto SL (τ=100μs) donde C_t toma valores de 0.3 a 9.

VIII. III.-Simulación del coeficiente de difusión de los portadores minoritarios

La amplitud y la fase de una muestra de silicio para PTR con tiempos de vida cortos (τ=100μs) y el coeficiente de difusión de portadores minoritarios (D_n) como parámetro a variar se muestra en la figura 22 (a) y (b) respectivamente. El coeficiente de difusión mide la difusión eléctrica de los portadores minoritarios a través de la muestra sobre el punto de foto generación sobre el haz del láser iluminado D_n (D_p) representa un factor de calidad importante en la fabricación de obleas. La siguiente relación entre tiempo de vida y el coeficiente de difusión de portadores define la longitud de difusión (L).

$$L = \sqrt{D_n \tau} \qquad (89)$$

De acuerdo a la ecuación (89), la longitud de difusión de portadores L, podría tener una distancia pequeña comparada con el espesor de la oblea, en tal caso la difusión de los portadores minoritarios no tiene presencia en el lado opuesto de la superficie.

También los electrones(portadores) pueden llegar ala superficie trasera siendo L entonces una distancia grande, aquí se lleva a cabo recombinación no radiactiva generándose así una fuente de onda térmica adicional. La amplitud de la señal de la figura 22(a) decrementa cuando se incrementa D_n a bajas frecuencias (<10kHz). Efectos similares son observados en obleas de silicio con tiempos de vida largo. El volumen de detección de la señal PTR se centra alrededor del haz del láser teniendo una área efectiva de πa^2_{max} y un espesor aproximadamente igual a la profundidad de absorción óptica β^{-1}, a la longitud de excitación $L_n(\omega)= (D_n\tau)^{1/2} / (1+i\omega\tau)$. Aquí a_{max} es el radio del detector IR, $\beta(\lambda)$ es el coeficiente absorción óptica del silicio. Tanto las simulaciones de la amplitud y la fase muestran que el efecto de disminución de D_n es similar al incremento en el tiempo de vida τ, en este sentido la densidad de los portadores libres se incrementan durante la prueba como en la figura 22(a). El efecto sobre la fase de la señal PTR sin embargo, es diferente en la región de bajas frecuencias como se muestra en la figura 22(b). Así para el ajuste teórico simultaneo para amabas señales (amplitud y fase), las variaciones en los valores del tiempo de vida y el coeficiente de difusión se manifiestan así   mismos completamente diferentes, siendo este un hecho que asegura la solución única del ajuste con respecto a estos parámetros. Para valores de D_n a altas frecuencias se presentan saturaciones. A bajas frecuencias y pequeños D_n, el número en la densidad de portadores decae dentro de la región de prueba del detector IR siendo controlado por el tiempo de vida, y así la posición de corte para la frecuencia como se muestra en la figura 22.

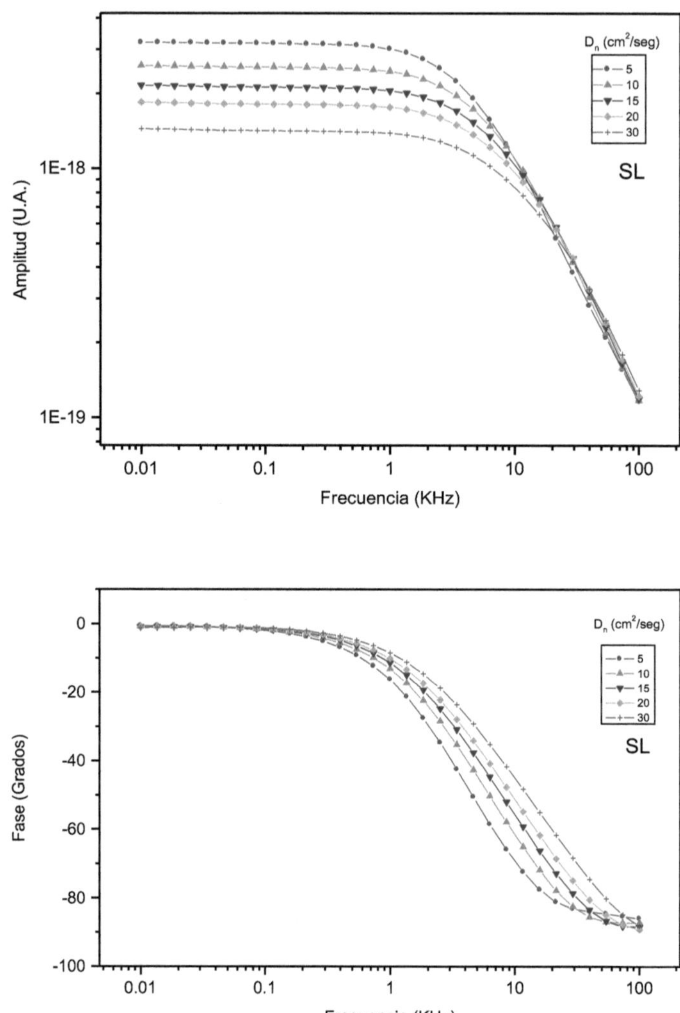

Figura 22.- (a)Amplitud y (b)Fase de la señal PTR. Simulación del coeficiente de difusión de los portadores en obleas de Silicio con tiempos de vida cortos ($\tau=100\mu s$)

VIII. IV.-Velocidad de recombinación de la superficie frontal

La simulación de amplitud y la fase de la velocidad de recombinación de la superficie frontal (S_1) se muestra en la figura 23(a) y 23(b) respectivamente con LL (1500µs). Este parámetro es una medición de la calidad electrónica de la superficie frontal en términos de la estructura la densidad de trampas, así como de los estados superficiales actuando como sitios de recombinación. Tanto para muestras con tiempos de vida cortos así como ,muestras de tiempos de vida largos la amplitud exhibe una fuerte dependencia de S_1 decreciendo pronunciadamente cuando se incrementa S_1. Esto es debido a la eficiente conversión térmica sobre la superficie, la cual acota la densidad de portadores libres ahí. S_1 tiene un efecto más débil en la fase para frecuencias bajas (<0.1 kHz) ya que la fuerte conversión térmica se encuentra cerca de la superficie, a profundidades también cortas comparadas con la longitud de difusión de los portadores. La respuesta en fase es sensitiva a S_1 en altas frecuencias a través del ajuste de portadores en la distribución cercana a la superficie (menor retraso) cuando se incrementa S_1. Las recombinaciones próximas a la superficie, presentan un retraso en fase, controlados normalmente por la velocidad de la densidad de los portadores de difusión dentro del volumen de la oblea. Esta característica a la respuesta en fase a alta frecuencia se usa en ajuste multípara métrico para determinar el valor en solución única de este parámetro.

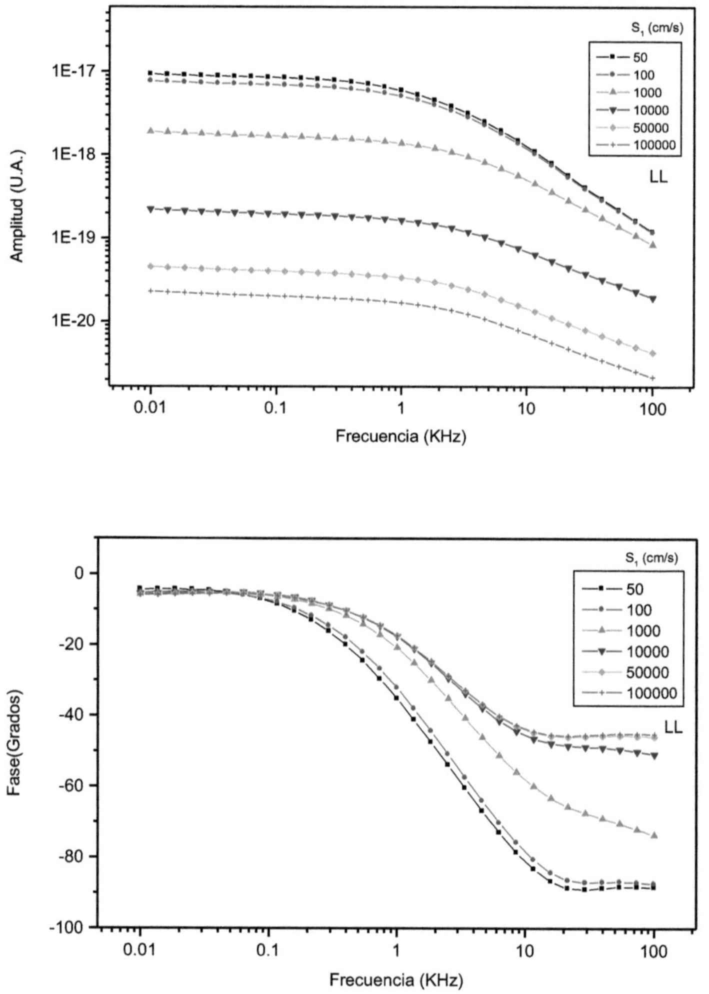

Figura 23.- (a) Amplitud y (b) Fase de la señal PTR. Simulación de la velocidad de recombinación de la superficie frontal en una muestra de Silicio con tiempo de vida largo (τ=1500µs).

VIII. V.-Velocidad de recombinación de superficie trasera

Los efectos de los valores de la velocidad de recombinación de la superficie trasera S_2, para una muestra de Silicio con tiempo de vida largo se muestran en la figura 24. Estos parámetros tiene poca influencia sobre la amplitud y la fase de la señal PTR, ya que solamente se presentan en el rango de frecuencias bajas (<0.1 kHz) y para valores grandes de S_2 (>10^6 cm/s). Tales valores normalmente no se encuentran dentro de la calidad industrial en obleas de Silicio pulidas. Para muestras con tiempo de vida cortos el efecto de estos parámetros es insignificante. Esto es de esperarse ya que la longitud de difusión $L(\omega)$ de la portadora, es corta comparada con el espesor de la muestra para cualquier valor de la frecuencia de modulación. La figura 24 muestra que la amplitud de la señal PTR se incrementa cuando se decrementa S_2. esto ocurre debido al incremento de la componente de onda térmica de la señal (caracterizado por la pendiente diferente de cero), en materiales térmicamente delgados a baja frecuencia. Para valores pequeños de S_2, la saturación de la fase a cero se presenta en bajas frecuencias. La conversión de los estados excitados, energía libre almacenada de plasma a onda térmica en la superficie trasera, y la difusión del calor de la superficie frontal, se suman para producir la generación de la señal térmica.

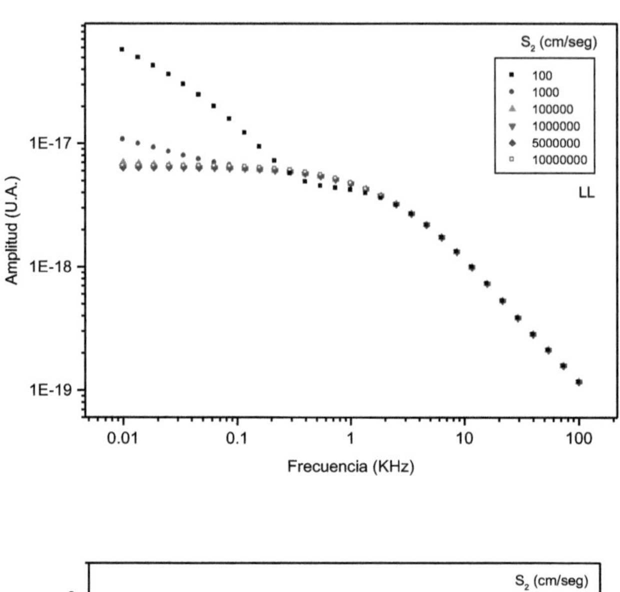

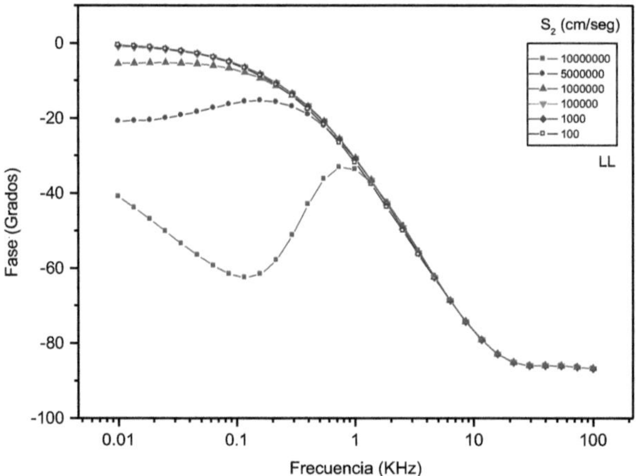

Figura 24.- (a)Amplitud y (b)Fase de la señal PTR. Simulación de la velocidad de recombinación de la superficie trasera en una muestra de Silicio con tiempo de vida largo (τ=1500μs).

En este trabajo se presentó el diseño y construcción de un sistema automático de Radiometría Fototérmica Infrarroja (PTR) para caracterización tanto térmica como termo electrónica de cristales semiconductores como el Silicio. Dicho sistema está controlado mediante una computadora personal la cual es programada en un lenguaje accesible. Por otra parte, mediante este trabajo pudimos establecer que la PTR en el dominio de la frecuencia es una técnica que permite la determinación de una manera única de los parámetros termoelectrónicos, así, como el establecimiento de una metrología para la obtención a temperatura ambiente de imágenes térmicas y termoelectrónicas para la inspección de una manera remota, no destructiva y sin contactos de dispositivos semiconductores. El extender esta técnica hacia procesos en línea que permitan el estudio de la propagación de dislocaciones y la inspección de defectos en metales permitirá incrementa el campo de acción de esta técnica. La sensibilidad de esta técnica puede permitir el análisis de dislocaciones y densidades de defectos bajas en materiales metálicos que pueden tener directa aplicación en el caso de forjas y de identificación de patrones de defectos puntuales, longitudinales entre otros. En la tabla 4 se muestra la influencia de los parámetros sobre la amplitud y la fase de la señal PTR en una muestra de Silicio, aquí se incluye una columna de comentarios sobre la técnica PTR referente a la sensibilidad de cada parámetro. Las regiones tanto de baja frecuencia (<1kHz) como de alta frecuencia (>1kHz) se muestran en las columnas 3 y 4 respectivamente. La frecuencia de 1 kHz es considerada como el punto de transición entre la onda térmica y la de plasma a nivel industrial para oblea de Silicio. El tiempo de vida tiene gran influencia sobre todo el rango de frecuencias examinado. La influencia particular de cada parámetro sobre la señal PTR es una forma de obtener un conjunto único de parámetros para una muestra en particular.

Se ha desarrollado un procedimiento computacional de ajuste multiparamétrico en la medición de las propiedades de transporte de las obleas de Silicio utilizando la señal PTR en el dominio de la frecuencia. La pregunta natural que surges ¿ Existe solución única ?. a pesar del ajuste y los efectos de cada uno de los parámetros de transporte electrónico sobre las curvas de frecuencia de la señal PTR. Como un resultado, de los siete diferentes parámetros de transporte que se pueden medir: 5 de ellos son parámetros intrínsecos y se relacionan con las propiedades de transporte electrónico y térmicas de los portadores foto inyectados. Los otros dos, C_t y C_p son parámetros extrínsecos (empíricos).

Parámetros	Señal PTR	Efecto sobre la señal a bajas frecuencias (≤ 1 Khz)	Efecto sobre la señal en altas frecuencias (≥ 1 kHz)	Referencia de figuras	Comentarios sobre sensibilidad
τ ↑↓	Amplitud	A ↑↓, moderado fuerte	A ↑↓, moderado	Figuras 21a y 21b	Decremento en la sensibilidad con el incremento en el tiempo de vida de los portadores
	Fase		φ ↓↑, fuerte		
Dn ↑↓	Amplitud τ_{LL}	A ↓↑, fuerte	A ↑↓,fuerte	Figuras 23a y 23b	Alta sensibilidad tanto para muestras SL y LL
	Fase τ_{LL}	φ ↑↓, débil	φ ↑↓, fuerte		
	Amplitud τ_{SL}	A ↓↑, fuerte	A ↑↓, débil		
	Fase τ_{SL}	φ ↑↓, débil	φ ↑↓, fuerte		
S_1 ↑↓	Amplitud τ_{LL}	A ↓↑, fuerte	A ↓↑, fuerte	Figuras 24a y 24b	Alta sensibilidad tanto para muestras LL y SL
	Fase τ_{LL}	φ ↑↓, (0.1 ~ 1 Khz) moderado	φ ↑↓, fuerte		
	Amplitud τ_{SL}	A ↓↑, fuerte	A ↓↑, fuerte		
	Fase τ_{SL}	φ ↓↑, (0.1 Khz) moderado	φ ↑↓, fuerte		
S_2 ↑↓	Amplitud τ_{LL}	A ↑↓, débil	Sin efecto	Figuras 25a y 25b	Muy baja sensibilidad para muestras LL y ninguna sensibilidad para muestras SL
	Fase τ_{LL}	φ ↓↑, moderado	Sin efecto		
	Amplitud τ_{SL}	A ↑↓, débil	Sin efecto		
	Fase τ_{SL}	φ ↓↑, débil	Sin efecto		
C_t ↑↓	Amplitud τ_{LL}	A ↑↓, moderado	Sin efecto	Figuras 22a y 22b	
	Fase τ_{LL}	φ ↓↑, (0.1 ~ 1 Khz) fuerte	Sin efecto		
	Amplitud τ_{SL}	A ↑↓, débil	Sin efecto		
	Fase τ_{SL}	φ ↓↑, débil	Sin efecto		

Significado de los signos: A Amplitud, φ Fase , ↑ Incremento(Menos negativo) , ↓ Decremento(Más negativo), τ_{LL} Tiempo de vida largo, τ_{SL} Tiempo de vida corto.

Tabla 4.- Tendencias generales de los parámetros PTR como función de la frecuencia de modulación en muestras de Silicio con tiempos de vida cortos y largos

RECOMENDACIÓNES

Se debe profundizar en el conocimiento físico de los parámetros térmicos y electrónicos en el caso de materiales semiconductores

Se debe buscar en la literatura, valores complementarios a los ya establecidos en la tabla 4 de valores termoelectrónicos en silicio

Se propone realizar un programa computacional que ajuste de manera independiente, conociendo las funciones de peso de cada valor del ajuste multiparamétrico en cada región de frecuencias, simultáneamente en amplitud y fase.

Debido a que las técnicas foto térmicas son de reciente desarrollo, el trabajo futuro, esta centrado en dos frentes: Teórico y experimental.

Desde el punto de vista teórico, el trabajo estará centrado, en la continuación de estudios de modelos físicos y la determinación de soluciones únicas. Pues cada modelo esta centrado en el manejo de soluciones multiparamétricas con al menos 5 parámetros libres.

Desde el punto de vista experimental se requiere de reducir el tamaño de haz incidente sobre la muestra para pasar de modelos unidimensionales a modelos tridimensionales, se requiere construir un sistema sin espejos, es decir un microscopio fototérmico donde el tamaño de imagen sea de al menos 4 micras.

Todas las medidas realizadas hasta el momento son a temperatura ambiente, por lo que en el caso de semiconductores seria importe realizar un montaje con temperatura, posteriormente un montaje con temperatura y vacío para evitar efectos de convección.

Realización automática de imágenes térmicas y termoelectrónicas mediante un software.

Realizar un sistema de alineación automática de la muestra para mantener perpendicular la muestra con respecto al láser.

BIBIOGRAFÍA

1. S. J. Sheard, M. G. Someckh, and T. Hiller, Mat. Sci. and Eng., B 5, 101 (1990).
2. M. Hiller, M. G. Somekh, S. J. Sheard, and D. R. Newcombe, Mat. Sci. and Eng. B 5, 107 (1990).

3. Mandelis, Solid State Electron. 42, 1 (1998).

4. Salnick, A. Mandelis, H. Ruda, and C. Jean, J. Appl. Phys., 82, 1853 (1997).

5. Salnik, A. Mandelis, and C. Jean, App. Phys. Lett., 611, 17 (1996).

6. T. Ikari, A. Salnik, and A. Mandelis, J. Appl. Phys., 85, 7392 (1999).

7. W. Shockley and W. T. Read. Phys. Rev., 87, 835 (1952).
8. W. Murray Bullis and H. R. Huff, J. Electrochem. Soc., 143, 1399 (1996).
9. P. Spirito and A. Sanseverino, Solid-State Electron, 37, 1429 (1994).
10. S. Daliento, A. Sanseverino, P. Spirito, P. M. Sarro and L. Zeni, IEEE Electron Dev. Lett. 17, 148 (1996).
11. K. D. Cummings, S. J. Pearton, G. P. Vella-Coleiro, J. App. Phys., 60.1676, (1986).

12. G. Zoth and W. Bergholz, J. Appl. Phys., 67, 6764(1990).
13. S. Sheard and M. Somekh, in *Non-Destructive Evaluation* (A. Mandelis, Ed., Prentice-Hall, Englewood Cliffs, N. J., Chap. 5 (1994).
14. M. E. Rodriguez, J. A. Garcia, A. Mandelis, Y. Riopel and C. Jean, Appl. Phys Lett., 74, 2429 (1999).

15. A. Pinto Neto, H. Vargas, N. F. Leite and L.C.M. Miranda, Phys. Rev. B., 41, 9971 (1990).
16. A. Salnik, A. Mandelis, F. Funak, and C. Jean, Appl. Phys. Lett., 71, 1531 (1997).
17. T. Yoshida, Y. Kitagawara, Electrochem. Soc. Proc., 96-13, 455 (1995).
18. A. Cuevas, P. A. Basore, G. Giroult-Matlakowki, and C. Dubois, J. Appl. Phys., 80, 3370 (1996).
19. E. Yablonovich, D. L. Allada, C.C. Chang, T. Gmitter, and T. B. Bright, Phys. Rev. Lett., 57, 249 (1986).
20. E. Yablonovitch, R. M. Swanson, W. D. Eades, and B. R. Weinberg, Appl. Phys. Lett., 48, 245 (1986).
21. A. Coreira, D. Ballutaud, and A. Boutri-Forveille, Appl. Phys. Lett., 66 2394 (1995).

22. A. W. Stephens, M. A Green, J. Appl. Phys., 80, 3897(1996).

23. D. A. Ramappa and W. B. Henley, Appl. Phys. Lett., 72, 2298 (1998).

24. J. Lagowski, P. Edelman, M. Dexter, and W. B. Henley, Semicond. Sci. Thechnol.

7^A, 185 (1992).

25. J. Lagowski, V. Faifer, and P. Edelman, Electrocehm. Soc. Proc., 96-13, 512 (1995).

26. A. Dargys and J. Kundrotas, *Handbook on physical properties of Ge, Si, GaAs and InP*, Science and Encyclopedia Publ., Vilnius, Lithuania, 811 (1994).
27. H. Daio, A. Buczkowski, and F. Shimura, J. Electrochem. Soc., 141, 1590 (1994).

28. A. Mandelis, R. Bleiss and F. Shimura, J. Appl. Phys., 74. 3431 (1991).

29. A. Salnik and A. Mandelis, J. Appl. Phys., 80. 5278 (1996).

30. W. H. Press, S. A. Teukolsky, W. T. Vetterling and B. P. Flannery, *Numerical Recipes in C,* 2nd ed., Cambridge University Press (1992).

31. M. E. Rodríguez, A. Mandelis, G. Pan, L. Nicolaides, J. A. García y Y.Riopel, J. Electrochem. Soc. **147**, 687 (2000).

32. Mandelis, Solid state Electrom.,**42**, 1 (1998).

33. S. E. Bialkowski, en: Photothermal spectroscopy methods for chemical analysis, Vol 13, John Willey & sons, New York, cap 2 (1996).

34. T. Ikari, A. Salnik y A. Mandelis, J. Appl. Phys., **85**, 7392 (1999).

35. R. E. Imhof, B. Zhang y D. J. S. Bich, en non-Destructive evaluation (Editado por A: Mandelis). Progress in Photothermal and Photoacoustic Science and Technology, Vol II. Prentice-Hall, Englewood Cliffs, NJ, Cap. 7 (1994).

36. S. Prahl, in life and Earth Science (Editado por A. Mandelis y P. Hess) Progress in Photothermal and Photoacoustic Science Science and Technology, Vol III, SPIR Opt. Eng. Press (1984).

37. J. Welch y M. J. van Gemert, Optical and thermal response of laser-Irradiate Tissue, Plenum, New York (1995).

38. H. Nakumara, K. Tsubouchi, N. Mokoshiba y T. Fukuda, Jpn. J. Appl. Phys. **24**, L876 (1985).

39. H. Nakumara y K. Tsubouchi, en Photoacoustic and thermal wave phenomena in semiconductors, Editado por A. Mandelis), North Holland, New York, cap. 3 (1987).

40. D. F. Edwards y P. D. Maker, J. Appl. Phys., **33**, 2466 (1962).

41. H. Kachare, W. G. Spizer, F. K. Euler y A. Kahan, J. Appl. Phys., **45**, 2938 (1974)

42. E. A. Ulmer, and D. R. Franck. Proc. Ixth Int. Conf. Physics, Semiconductors, Nauka, pp.170, (1968).

43. M. E. Rodríguez, A. Mandelis, G. Pan, J. A. García y Y. Riopel, Sol. Sta. Electr **44**, 703 (2000).

A.1.- OPTOACOPLADORES

Este dispositivo esta formado por un diodo LED o IRED y un fototransistor, donde dichos componentes se encapsulan conjuntamente y de tal forma que las radiaciones emitidas por el diodo incidan directamente sobre el transistor. Su funcionamiento radica en que cuando el diodo es polarizado directamente, emite radiaciones que inciden sobre la base del fototransistor provocando corriente proporcional a la radiación incidente. De esta forma se transmite radiación de un componente a otro los cuales están eléctricamente aislados, encontrando en esta característica su principal aplicación. El dispositivo usado es el 4N33, cuyo símbolo y encapsulado es mostrado en la figura A.1.

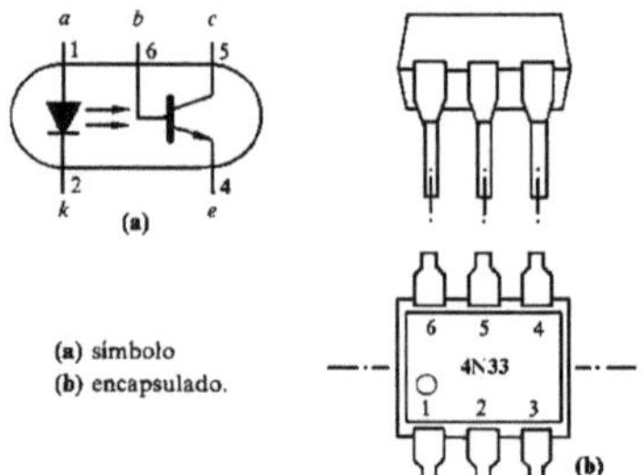

Figura A.1.- Optoacoplador 4N33 de Motorola

Sus principales características son: la resistencia de aislamiento (R_{IO}) entre ambos circuitos y la tensión de aislamiento (V_{IOR}) entre la entrada y la salida, de la que se suelen dar los valores máximos (V_{IORM}) correspondientes a c.c.

Tipo	$V_{R,MAX}$	V_F	$I_{F,MAX}$	$I_{FM,MAX}$	I_R	$P_{tot,max}$	R_{IO}
Cápsula	5 Vdc	<1.5Vdc	80 mA.	3 Amp.	<100μA	250mW	Típica

A.2.- TRANSISTORES DE POTENCIA.

El transistor de potencia usado es el TIP121 el cual actúa como interruptor entre la fuente de potencia y la carga. Este dispositivo conmuta dependiendo si hay o no corriente de saturación en la base, funcionando como un switch para la carga.

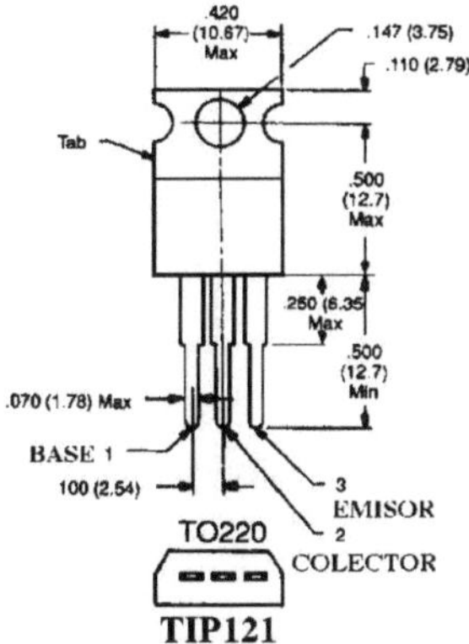

Figura A.5.-Transistor de Potencia TIP121

Sus principales características son: la corriente de colector máxima ($I_{C,MAX}$), la tensión entre la base, colector y emisor (BV_{CBO} , BV_{CEO} , BV_{EBO}), máxima potencia de disipación ($P_{tot,max}$) y la típica ganancia en c.c.

Tipo	$I_{C,MAX}$	$P_{tot,max}$	hfe	BV_{CBO}	BV_{CEO}	BV_{EBO}
TO220	8 Amp.	65 W	1000	100 Vdc	100 Vdc	5 Vdc

A.3.-TARJETA DE POTENCIA PARA MOTORES DE PASOS.

Esta tarjeta contiene todos los dispositivos anteriores, siendo además el sistema que controla el sistema electrónico-mecánico, el esquemático de componentes se muestra en la figura A.2.

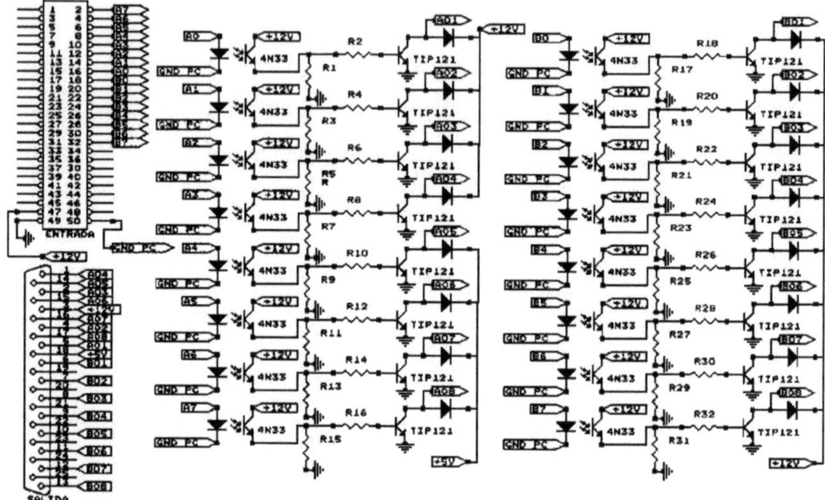

Figura A.2.- Diagrama esquemático de la tarjeta del sistema de potencia.

Esta tarjeta esta formada por un conector tipo DB25 (25 pines hembra), optoacopladores (4N33), transistores de potencia (TIP121) con sus respectivas resistencias de saturación, diodos (1N4001) un regulador de voltaje a 5 volts (LM7805). El sistema se enfría mediante la circulación con un ventilador comercial.

B1.-Programa en turbo pascal para la manipulación del sistema.

En este proyecto se implementó un programa para la manipulación del sistema, la forma en que se realiza la comunicación entre la PC y el puerto es la instrucción PORT, la cual servirá para manejar la mesa X-Y.

La sintaxis de esta instrucción en Pascal, para enviar o recibir un dato es la siguiente:

PORT[DIRECCION DE MEMORIA] := DATO;

La dirección de la localidad de memoria de la computadora, es la asignada a cada uno de los tres puertos o a la palabra de control. La dirección de la localidad de memoria debe llevar antepuesto el signo $, por ser hexadecimal. La secuencia de rotamiento de los motores se envía en forma de byte por cada uno de los puertos optoacoplados para dos motores de la etapa de Potencia. El byte por motor corresponde a la rutina de magnetización para medios pasos o pasos enteros de los motores. Para que el motor gire en un solo sentido, se deben magnetizar las fases en un orden, ya sea ascendente o descendente, este sentido corresponde a una inversión secuencial en el sentido de los pasos. La rutina de magnetización de las fases del motor para dar medios pasos se muestra en la tabla B.1. Para magnetizar cada fase de cada motor son necesarios únicamente 4 bits, para transmitir la rutina de pasos por un puerto para un motor se utilizan los bits MSB manteniendo los bits LSB en ceros, viceversa para el otro motor. Para transmitir los bits por los puertos de la P.C. es necesario primero programar la palabra de control la cual tiene una localidad de memoria asignada. Los datos para magnetizar las fases de un motor deben enviarse por el registro correspondiente al puerto de la siguiente manera:

PORT[LOCALIDAD DEL PUERTO]:=$01;	Fase magnetizada avanzando un paso.
PORT[LOCALIDAD DEL PUERTO]:=$02;	Fase magnetizada avanzando dos pasos.
PORT[LOCALIDAD DEL PUERTO]:=$04;	Fase magnetizada avanzando tres pasos.
PORT[LOCALIDAD DEL PUERTO]:=$08;	Fase magnetizada avanzando cuatro pasos.

B3	B2	B1	B0	Movimiento
0	0	0	1	Derecha ½ paso
0	0	1	1	Derecha ½ paso
0	0	1	0	Derecha ½ paso
0	1	1	0	Derecha ½ paso
0	1	0	0	Derecha ½ paso
1	1	0	0	Derecha ½ paso
1	0	0	0	Derecha ½ paso
1	0	0	1	Derecha ½ paso
0	0	0	1	Izquierda ½ paso
1	0	0	1	Izquierda ½ paso
1	0	0	0	Izquierda ½ paso
1	1	0	0	Izquierda ½ paso
0	1	0	0	Izquierda ½ paso
0	1	1	0	Izquierda ½ paso
0	0	1	0	Izquierda ½ paso
0	0	1	1	Izquierda ½ paso

Tabla B.1.- Secuencia de excitación de fases de entrada del motor de pasos.

Para seguir avanzando se repite esta secuencia de instrucciones hasta llegar al punto que se desee, si se ejecuta la secuencia de instrucciones empezando por la ultima o en sentido inverso el motor girara en sentido inverso al anterior, la velocidad de rotamiento de los motores en milisegundos se controla mediante la instrucción:

DELAY(TIEMPO);

Otra etapa contenida para el sistema es la que corresponde a la etapa de adquisición, para el funcionamiento de esta etapa se ayuda de un programa para gráficos, esto con el fin de que el resultado sea visual en la pantalla, para bits capturados por un puerto se pueden definir como una variable, la instrucción es:

PORT[DIRECCION DE MEMORIA] := VARIABLE;

El programa para simulaciones de PTR se desarrollo en C++, el código es:

```
# include  <stdlib.h>
# include  <stdio.h>
```

```cpp
# include  <complex.h>
# include  <iostream.h>
# include  <conio.h>
# include  <string.h>
# include  <dos.h>
# include  <io.h>
# include  <math.h>
# include  <ffnrutil.h>
# include  <ffnrutil.cpp>
# define FUNC(x) ((*func)(x))
# define FUNCINF(x) ((*func)(1.0/(x))/((x)*(x)))
# define EPSQR 1.0e-6
# define JMAX 50
# define JMAXP (JMAX+1)
# define K 5
# define _stklen = 500000;
/************************************
*        FUNCTION DECLRATIONS        *
************************************/
double J1 (double x);
complex F(double lam);
complex T(double lam);
double midpnt (double (*func)(double),double a, double b, int n);
double qromo  (double (* func)(double),double a, double b,
double (*choose)(double(*) (double),double, double, int));
double midinf(double (*func)(double), double aa, double bb, int n);
double FUNTFi (double lam);
double FUNTFr (double lam);
//////////////////////////////////
complex A1, A2, sig2, sigt2;
int  tst=0;
char PI=3.141592654, TWO_PI=6.283185307;
double omeg [101],omega,df,D,Dt,s1,s2,L,dd,A,nuT,nuP,k,Eg,hn,tau,CNT; // variables
int main (char * argv[])
{
    double sp; // separation point for the integrals
    double SPTRTFr, SPTRTFi, SPTRTFrmin, omegstart,
omegend, SPTRTFrmid, SPTRTFrinf;
        double SPTRTFimid, SPTRTFiinf;
        complex SPTR[101],SPTR1;
        char filename [20]="test.plo";
    FILE *fp;
        int PTS=31;
        clrscr();
  strcpy(filename,out_file());
  if((fp=fopen(filename,"w"))==NULL)
  ffnerror("must be in current directory");
    tau=in('f',1500.0e-6,"tau");                // Carrier liferime (second)
    D=in('f',0.0005,"Dn");                      // Carrier diffusivity (m2/s)
    Dt=in('f',9.6e-5, "thermal dif");           // Thermal diffusivity (m2/s)
    k=150.0;                                    // Thermal conductivity (W/mK)
    Eg=1.8e-19;                                 // Energy gap(J)
    hn=3.864e-19;
    s1=in('f',1.3,"s1");                        // F-Surface recombination velocity (m/s)
```

```cpp
        s2=in('f',1.6e4,"s2");                          // B-Surface recombination velocity (m/s)
        L=670e-6;                                        // Sample thickness (m)
        dd=in('f',40e-6, "beam");                        // Excitation beam diameter(m)
        A=340e-6;                                        // Detector aperture radius (m)
        nuP=in('f',3E-20,"plasma");                      // Plasma component
        nuT=in('f',1.0,"Thermal");                       // Thermal component
        sp=in('f',1.0e5,"sp");                           // Separation of integral
        CNT=1.0/(A*PI);
fprintf(fp," %s by:%s\ntau=%10.2e  D=%10.2e  s1=%10.2e  s2=%10.2e  L=%10.2e", filename,argv[0],
tau,D,s1,s2,L);
fprintf(fp,"\n d=%10.2e A=%10.2e sp=%10.2e Cp=%10.2e Ct=%1077.2e",dd,A,sp,nuP,nuT);
fprintf(fp,"\n% d 5 \n",PTS);
fprintf(fp,"FREQ[kHz]      mag     phase[deg]  Inph   Quadr\n");
            omegstart=1e1*TWO_PI;
            omegend=1e5*TWO_PI;
            omega=omegstart;
            int min=1;
            df=(log10(omegend)-log10(omegstart)/(PTS-1);
              for(int i=1; i<=PTS; i++){
                tst=((i==1) ? 1 : 0);
                (nuP*Plasma term+nuT*thermal:)
                omega=pow(10,(log10(omegstart)+df*(i-1)));
                omeg[i]=omega;
                sig2=complex (1.0,omega*tau)/(D*tau);
                sigt2=complex (0.0,omega/Dt);
                   SPTRTFrmid=qromo(FUNTFr,0.0, sp, midpnt);
                   SPTRTFrinf=qromo(FUNTFr, sp, 1e30, midinf);
                   SPTRTFr=(SPTRTFrmid);
                   SPTRTFr=(SPTRTFrmid+SPRTRFrinf);
                   SPTRTFimid=qromo(FUNTFi, 0.0, sp, midpnt);
                   SPTRTFiinf=qromo(FUNTFi, sp,1e30, midinf);
                   SPTRTFi=(SPTRTFimid);
                   SPTRTFi=(SPTRTFimid+SPTRTFiinf);
                   cout<< "i= "<<i <<endl;
                   SPTR [i] =CNT*complex(SPTRTFr,SPTRTFi);
                   if(i==1) SPTR1=SPTR[i];
                   min=((SPTRTFr)< imag (SPTR[min])) ? i : min;
                   }
for(i=1;<=PTS;i++)   fprintf(fp,"% -13.5e % -13.5e % -13.5e % -13.5e % -13.5e\n", omeg[i]*1e-
3\TWO_PI,abs(SPTR[i]),
arg(SPTR[i])*DEGREE, real (SPTR[i]), imag(SPTR[I]));
                fclose(fp);
                return 0;
}
/////////////////////////////////
double FUNTFr(double lam){
    return(real(nuT*T(lam)+nuP*F(lam)) * J1(lam*A));
}
/////////////////////////////////
double FUNTFi (double lam) {
    return(imag(nuT*T(lam)+nuP*F(lam)) * J1(lam*A));
}
/////////////
Thermal complex T(double lam)
```

```c
{
    complex B1, B2, B3, B4, t, Db, bn2, bt2, h1, h2, bn, bt;
    bn2=sig2*sig2+lam*lam;
    bt2=sigt2*sigt2+lam*lam;
    bn=sqrt(bn2);
    bt=sqrt(bt2);
    Db=D*bn;
    A1=(Db-s1)/(Db+s1);
    A2=(Db+s2)/(Db-s2);
B3=(Eg*exp(-lam*lam*dd*dd/8.0)*A2)/(hn*PI*k*tau*(bn2-bt2)*(Db-s1)*(A2-A1*exp(2.0*bn *L)));
    B4=B3/A2;
    h1=-((s1*tau)/bt)*(bn2-bt2)*(B3+B4*exp(-2*bn*L))-bn/bt*(B3-B4*exp(-2*bn*L));
    h2=(1.0/bt)*(s2*tau*(bn2-bt2)*(B3+B4)-bn*(B3-B4))*exp(-bn*L);
    B1=(h1-h2*exp(-bt*L))/(1.0-exp(-2.0*bt*L));
    B2=(h1*exp(-bt*L)-h2)*exp(-bt*L)/(1.0-exp(-2.0*bt*L));
t=B1*(1.0-exp(-bt*L))/bt+B2*(exp(bt*L)-1.0)/bt+B3*(1.0-exp(-bn*L))/bn+                    B4*(1.0-exp(-
bt*L))*exp(bt*L)/bn;

    return t;
}
///////////                                           //Plasma
complex F(double lam)
{
    complex f,Db,b;
    b=sqrt(sig2*sig2+lam+lam);
      Db=D*b;
    A1=(Db-s1)/(Db+s1);
    A2=(Db+s2) /(Db+s2);
f=exp(-lam*lam*dd*dd/8.0)*(A2+exp(-b*L))*(1-exp(-b*L))/(hn*PI*(Db+s1)*b*(A2-A1*exp(-
2.0*b*L)));
    return f;
}
/////////////////////////////////                         //Subroutine Programs below;
double midinf(double(*func)(double), double aa,double bb, int n)
  {
  double x, tnm, sum, del, ddel, b, a;
   static double s;
   int it,j;
   b=1.0/aa;
   a=1.0/bb;
   if (n==1) {
          return (s=(b-a)*FUNCINF(0.5*(a+b)));
   }else {
      for(it=1,j=1;j<n-1;j++) it *=3;
      tnm = it;
      del=(b-a)/(3.0*tnm);
        ddel=del+del;
        x=a+0.5*del;
        sum=0.0;
        for(j=1;j<=it; j++){
            sum += FUNCINF(x);
            x +=ddel;
            sum += FUNCINF(x);
              x += del;
```

```c
          }
          s=(s+(b-a)*sum/tnm)/3.0;
          return s;
     }
}
///////////////////////////////////
double qromo(double(*func)(double), double a, double b, double (*choose) (double(*) (double), double,
double, int))
{
// Romberg integration on the open interval. Returns the integral of the function func from a to b using
// any specified integrating  function choose and Romberg's method. Normally choose wil be an open
// formula, not evaluating the function at the endpoints. It is assumed that choose triples the number of
// steps. The routines midpnt, mininf...are possible choices for choose. The parameters have the same
// meaning as in qromb.
     void polint(double xa[],double ya[], int n, double x, double *y,double *dy);
     int j;
     double ss, dss, h[JMAXP+1], s[JMAXP+1];
     h[1]=1.0;
     for(j=1;j<=JMAX;j++){
          s[j]=(*choose)(func,a,b,j);
          if(j>=k){
               polint(&h[j-K],&s[j- K],K,0.0,&ss,&dss);
          }
          s[j+1]=s[j];
          h[j+1]=h[j]/9.0;
          ffnerror("Too many steps in routine qromo") ;
               return 0.0;   //never get here
}
///////////////////////////////////
void polint (double xa[],double ya[],int n,double x,double *y,double *dy);
{
//Given arrays xa[1...n]and ya [1...n], and given a value x, this routine
// returns a value y, and an error estimate dy.
// If P(x) is the polynomial of degree N-1 such that P(xa[i])=ya[i], i=1,...n,
// then the returned value y=P(x).
     double *c,*d;
     c=dvector (1,n);
     d=dvector(1,n);
     int i,m,ns,
     double den, dif, dift, ho,hp,w;
     dif=fabs(x-xa[1]);
     for(i=1;i<=n;i++)  {
          if((dift=fabs(x-xa[i]))<dif){
               ns=i;
               dif=dift;
     }
     c[i]=ya[i];
     d[i]=ya[i];
}
*y=ya[ns--1];
for(m=1;m<n;m++){
   for(i=1;i<=n-m;i++){
      ho=xa[i+m]-x;
      w=c[i+1]-d[i];
```

```cpp
            if((den=ho-hp)==0.0) ffnerror("Error in routine polint");
            den=w/den;
            d[i]=hp*den;
            c[i]=ho*den;
        }
    *y +=(*dy =(2* ns <(n-m) ?c[ns+1]: d[ns--1]));
    }
free_dvector (c,1);
free_dvector (d,1);
}
/////////////////////
double midpnt (double (*func)(double), double a, double b, int n)
{
//This routine computes the n-th stage of refinement of a extended midpoint rule.
//func is input as a pointer to the function to be integrated bewtween limits a and b,
//also input. When called with n=1, the roputin returns the crudest estimate of the
//integarl. Subsequent calls with n=2,3.. Will improve the accuracy of s by adding
//2/3*3^(n-1) additional interior points. S should not be modified between sequential calles.
    double x, tnm,sum,del,ddel;
    static double s;
    int it, j;
    if(n==1){
            return (s=(b-a)*FUNC(0.5*-(a+b)));
    }else{
        for (it=1,j=1; j<n-1,j++) it*=3;
        tnm= it;
        del=(b-a)/(3.0*tnm ;
        ddel=del+del;
        x=a+0.5*del;
        sum= 0.0;
        for(j=1; j<=it;j++){
            sum += FUNC(x);
            x +=ddel;
            sum += FUNC(X);
            x +=del;
        }
    }
}
/////////////////////
double J1 (double x) // Returns the Bessel function J1(x) for any real x.
        double ax, z;
        double xx,y,ans,ans1,ans2;                          //accumulate polynomial in double prec.
        if ((ax=fabs(x)) < 8.0 ) {                          //Direct rational approximation.
            y=x*x;
ans1=x*(72362614232.0y*(-7895059235.0+y-(242396853.1+y*(2972611.439+y*(15704.48260      +y*(-
30.16036606))))));
ans2=144725228442.0+y*(2300535178.0+y*(18583304.74+y*(99447.43394+y*(376.9991397+y*1.0))))
;           ans=ans1/ans2;
        } else {
            z=8.0/ax;
            y=z*z;
            xx=ax-2.356194491;
ans1=1.0+y*(0.183105e-2+y*(0.3516396496e-4+y*(0.2457520174e-5+y*(-0.240337019e-6))));
ans2=0.04687499995+y*(-0.2002690873e-3+y*(0.8449199096e-5+y*(-0.88228987e-6
+y*0.105787412e-6)));
```

```
ans=sqrt(0.636619772/ax)*(cos(xx)*ans1-z*sin(xx)*ans2;
if(x<0.0)ans = -ans;
}
return ans;
}
////////////////////////
```

ANEXO C

USO DEL PUERTO DE IMPRESIÓN PARA CONTROL Y ADQUISICIÓN DE DATOS

El puerto de impresión representa una útil plataforma para implementar proyectos que se relacionan con el control y los periféricos. El puerto de impresión provee 8 salidas TTL, 5 entradas y 4 controles.

1. Asignación de los puertos.

Cada puerto de impresión consiste de tres puertos direccionables; datos, estado y puerto de control, los cuales están en orden secuencial. Esto es, si el puerto de datos esta direccionado como 0x378, el correspondiente al puerto de estado es 0x379 y el puerto de control es 0x37a.

Lo siguiente es una configuración típica.

Impresora	Puerto de datos	Estado	Control
LPT1	0x03bc	0x03bd	0x03be
LPT2	0x0378	0x0379	0x037a
LPT3	0x0278	0x0279	0x027a

2.- Salidas

Con referencia a las figuras tituladas Figura #1 Asignamientos de terminales y Figura #2 Asignamientos del puerto. Estas dos figuras ilustran el asignamiento de las terminales en un conectador de 25 extremos y los asignamientos a los bits de los tres puertos.

Note que hay 8 salidas en el puerto de datos (Dato 7 – Dato 0) y 4 salidas adicionales en la mitad de la parte baja del puerto de control. /SELECT IN, INIT, /AUTO FEED y /STROBE (Nótese que con /SELECT IN, el "IN" se refiere a la impresora. Para la operación normal de impresión, la PC obliga un cero lógico para indicar que la impresora que está seleccionada. La función original de INIT fue para inicializar la impresora, AUTO FEED para avanzar el papel. En impresión normal, STROBE esta en alto. El caracter a ser impreso sale por el puerto de datos y STROBE es puesto a cero).

PIN (terminal)	Descripción	Función	Dato	Dirección	Nivel
1	/ Strobe	PC (Salida)	C_0	$37A	L
2	Dato 0	PC (Salida)	A_0	$378	H
3	Dato 1	PC (Salida)	A_1	$378	H
4	Dato 2	PC (Salida)	A_2	$378	H
5	Dato 3	PC (Salida)	A_3	$378	H
6	Dato 4	PC (Salida)	A_4	$378	H
7	Dato 5	PC (Salida)	A_5	$378	H
8	Dato 6	PC (Salida)	A_6	$378	H
9	Dato 7	PC (Salida)	A_7	$378	H
10	ACK	PC (Entrada)	B_6	$379	H
11	/ Busy	PC (Entrada)	B_7	$379	L
12	Paper Empty	PC (Entrada)	B_5	$379	H
13	Select	PC (Entrada)	B_4	$379	H
14	/Auto Feed	PC (Salida)	C_1	$37A	L
15	/Error	PC (Entrada)	B_3	$379	H
16	Initialize Printer	PC (Salida)	C_2	$37A	H
17	/ Select Input	PC (Salida)	C_3	$37A	L

Figura C.1.- Asignamientos de las terminales

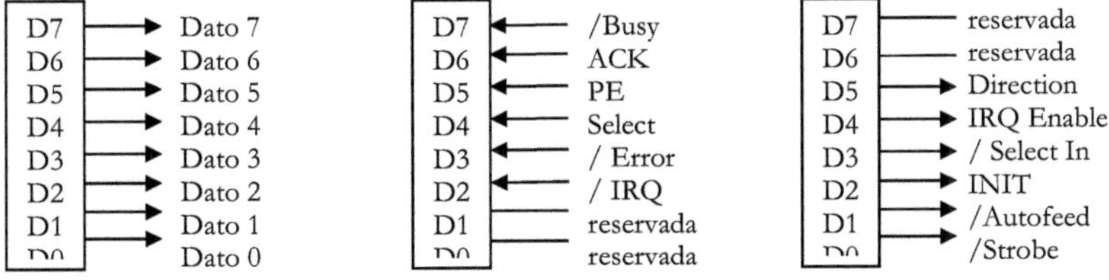

Figura C.2.- Asignamientos del puerto.

3. Entradas

Note que en el diagrama que muestra el puerto de estado hay 5 terminales de control de la impresora. (/BSY,ACK,PE (Paper Empty),/ERROR). (La intención original en el

nombramiento de estas terminales es que un "1" en SELECT, indica que la impresora
está conectada, mientras que un "0" en BSY ó un "1" en PE indica a la PC que la
impresora esta ocupada ó falta papel. Un "1" en ACK indica que la impresora recibió
datos. Un "0" en ERROR indica que la impresora esta en condiciones de error). Para
leer el valor correcto de las terminales invertidas (/ACK, / ERROR), se puede invertir su
valor antes de ser elidas ó leerlas y dentro de la PC darles el valor real, utilizando la
función OR exclusiva.

ANEXO D

La integral de Hankel requirida en Eqs. (80)-(85) es una integral compleja, es decir, su
límite superior es infinito. Se dice que la integral existe y se acerca a un valor finito para
el límite superior de integración acercándose a la infinidad. Esta suposición tiene base
en la cantidad física representada por el integrando. La ecuación (80) se calculó usando
la rutina integral impropia, qromo[30] con la rutina midpnt obtenida del libro Numerical
Recipes in C. La rutina resuelve integrales con un límite superior que tiende a la
infinidad usando la integración de Romberg para un intervalo semi-abierto. El criterio
de convergencia de las integrales tiene que ser encontrado cuidadosamente. Un enfoque
conveniente de convergencia para esta integral es reemplazar el límite superior infinito
con un valor el finito b y evaluar la integral con valores crecientes de b hasta que
cualquier aumento adicional en el b resulte un cambio insignificante en el valor de la
integral. El decremento del valor de b se elige según el comportamiento del integrando,
que a su vez, depende de los parámetros que aporte. Si el integrando no presenta
convergencia cada vez que un parámetro de aporte se cambia, ocurre un error en la
rutina. Para evitar este procedimiento riguroso se agrega una la rutina adicional
midinf,[30] que combina una gama infinita de valores para la integración, insertando un
valor finito usando la siguiente identidad.

$$\int_a^b f(x)dx = \int_{1/b}^{1/a} \frac{1}{t^2} f(\frac{1}{t})dt \qquad ab > 0 \qquad\qquad (D.1)$$

$$\int_0^\infty f(x)dx = \int_0^b f(x)dx + \int_{1/1x10^{30}}^{1/b} \frac{1}{t^2} f(\frac{1}{t})dt, \qquad (D.2)$$

la integral de Hankel son dos integrales, donde la primera integral se calcular usando la rutina midpnt rutina desde 0 a b y la segunda integral se calcular usando la rutina midinf desde el b a un número grande ($1x10^{30}$). Este tipo de metodología asegura cada iteración que el criterio de convergencia se alcanza, logrando que el valor de b sea lo suficientemente grande para que el integrando comience acercarse a su valor de disminución.

Printed by Books on Demand GmbH, Norderstedt / Germany